만드는 사람들 | 삶의 기술, 일곱 번째

목차

Free to make?

박복선
크리킨디센터
전환교육연구소 소장

데일 도허티Dale Dougherty는 '메이커 미디어Maker Media Inc.'를 설립하여,
《메이크:》라는 잡지를 펴내고, '메이커 페어'를 열어 미국의 메이커
운동을 이끌었다. 그가 저술한 《Free to Make》(번역서는 '우리는 모두
메이커다'라는 제목으로 발간되었다)는 메이커 운동에 대한 입문서로
널리 읽힌다.

그 책에서 소개하는 '펀킨 천킨Punkin Chunkin' 이야기. 할로윈 이후 첫
주말에 델라웨어주 밀스보로에 있는 옥수수 밭에서 '호박 멀리 던지기
대회'가 열린다고 한다. (아마도 마을 축제에서 벌어졌던) 호박을 멀리
던지는 경기가 점점 발전하여 지금은 대포와 투석기 같은 대형 장비를
만들고 그 성능을 겨루는 대회가 되었다. 처음에는 남아도는 호박을
사용했지만 요즘은 대회용으로 재배한 4㎏ 내외의 호박을 장비를
사용하여 보통 300m에서 1,000m를 날려 보낸다고 한다. (간혹
1,500m를 날아가는 경우도 있다고.) 장비 중에는 제작비가 7만 달러를
넘는 대포도 있었고, 무게가 23t에 높이가 18m에 이르는 투석기도
있었다. '펀킨 천킨'은 호박 날리기 장비를 만드는 메이커들의 축제인
셈이다.

상금이 걸린 것도 아니고, 큰 명예가 걸린 것도 아닌 것 같다. 참가자들
누구나 메이커로서의 자기 스토리와 의미를 가지고 있을 것이다.
가족이나 친구들과 공동 작업을 하는 것에 큰 의미를 두는 사람도
있을 것이고, 장비 성능을 개선하면서 큰 성취감을 느끼는 사람도 있을
것이고, 비슷한 일을 하는 사람들끼리 모여서 가르치고 배우는 데서
보람을 느끼는 사람도 있을 것이다. 그러나 가장 중요한 것은 만드는
것이 즐겁기 때문이리라.

더 나간 사례도 있다. 실험항공기협회Experimental Aircraft Association는
매년 여름 위스콘신주에서 10만 명이 참여하는 에어쇼를 연다고 한다.
조종사와 조종사의 가족들은 비행기를 몰고 와서 각자의 비행기 날개
아래에 텐트를 친다. 물론 이 비행기는 그들이 만든 것이다. (조립을
하기도 하지만.) 당연하게도 비행기를 만들려면 격납고가 있어야
한다. 어떤 부녀는 캘리포니아에 있는 집에서 격납고가 있는 텍사스를
오가면서 비행기를 제작하다가, 완성한 후 집으로 돌아갈 때는 그
비행기를 타고 갔다고 한다. 이들 역시 즐겁기 때문에 이런 일을 벌인다.

메이커 운동을 이끄는 사람들은 '만들기'는 인간의 본성과 같은 것이라고
한다. 근대 산업화 이후 공장에서 물건을 만들어 내고, 시장에서 그것을
구매하면서 만들기의 능력은 퇴화되고, 만들기의 즐거움은 잃었다.
메이커 운동은 만들기 능력과 만들기의 즐거움을 되찾으려는 시도다.
디지털 기술의 발달은 숙련을 위해 필요한 수련 과정을 생략할 수 있게
함으로써 메이커 운동을 촉진시켰다. 그러니 이제 다시 만드는 인간이
되자! 우리에게는 만들 자유가 있다!

호박을 1,000m를 날려 보내는 대포를 만들고, 비행기를 만들어 타는
메이커들은 확실히 만들 자유를 만끽하는 것 같다. 만들기의 즐거움을
아는 사람들이 점점 늘고, 이들이 모이는 공간이 만들어지면서 '메이커
운동'은 시대적 흐름이 되었다. 그런데 그 흐름은 어디를 향하는 것인가?

오늘날의 과시적이고 향락적인 소비를 생각하면 무언가를 직접 만든다는
것은 아주 건강한 행위로 보인다. 게다가 그것은 가족이나 친구와
함께하기에 적합하다. 만드는 사람들끼리 공간, 장비, 방법을 공유하는
문화를 만들어 낸다. 디지털 기술의 도움으로 테이블에서 독창적인
물건을 만들어 낼 수도 있고, 디지털 플랫폼을 이용해 판매도 할 수
있다. 즐거운 것만으로도 충분한데 말이다.

자신이 만든 비행기를 타고 하늘을 날며 기뻐하는 사람들을 비난할
생각은 조금도 없다. 그렇지만, 소형 요트를 타고 2주 동안 대서양을
건넌 그레타 툰베리Greta Thunberg의 모습이 겹치는 것은 어쩔 수
없다. 토트네스 전환마을 운동을 이끈 롭 홉킨스Rob Hopkins가 한국의
환경단체의 초청을 '비행기를 탈 수 없다'고 거절했다는 이야기도
생각난다. 캘리포니아에서 사는 사람이 텍사스에 있는 격납고를 오가며
비행기를 만드는 것을 어떻게 이해해야 할지 모르겠다. 그래서 계속
묻는다. "Free to make?"

특집
만드는 사람들

특집 × 만드는 사람들

메이커가 핫 이슈다. 국가에서 나서서 메이커 스페이스를 만들고,
시·도교육청들이 다투어 메이커 교육을 하겠다고 한다. 그러나
메이커/메이커 스페이스/메이커 운동에 대한 깊이 있는 논의는
찾아보기 어렵다. 이렇게 허술하게 준비하고 일을 벌여도 되나?

메이커 운동은 많은 가능성에 열려 있다. 어떤 이들은 새로운
성장 동력으로서의 기대를 감추지 않고 있다. 어떤 이들은 사회
혁신 프로그램과 연결시키려고 한다. 어떤 이들은 자본주의적
방식과는 다른 경제를 그려 보고 있다. 구성주의 교육을 옹호하는
사람들은 열심히 노를 젓고 있고.

메이커 운동이 어디로 향할지는 결국 '사회적 힘'에 의해 결정될
것이다. 그것이 자본에 포획되지 않으려면, '좋은 삶'이라는
기획에 연결되어야 한다. 그러려면 아주 많은 고민과 공부가
필요하다. "메이커는 어떤 세상을 만들 수 있나?" 이 질문이
고민과 공부의 시작이 되기를 바란다.

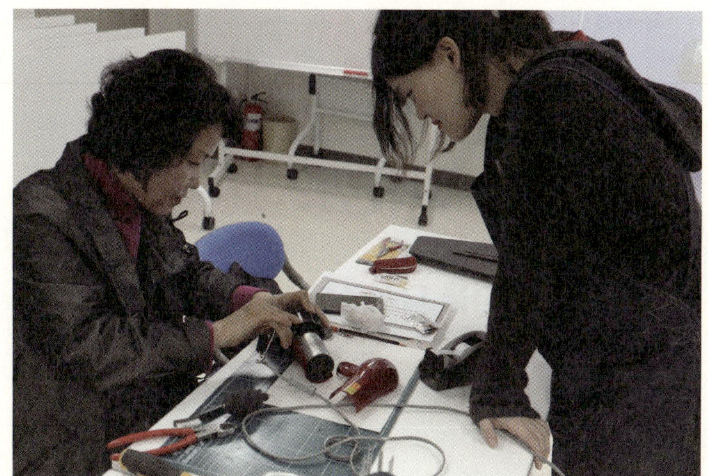

Make:
technology on your time
TECH D.I.Y.
Make: Korea
창간호
[AERIAL PHOTOGRAPHY NOW]
Make:
Projects
MAKER 선언
vol. 01
O'REILLY 한빛미디어
make.co.kr

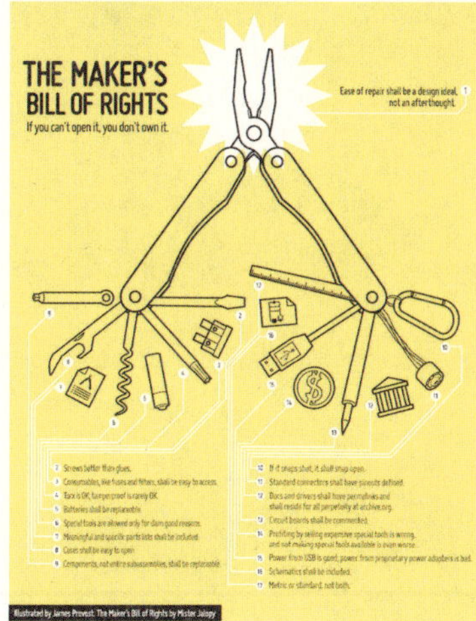
THE MAKER'S
BILL OF RIGHTS
If you can't open it, you don't own it.
Illustrated by James Provost. The Maker's Bill of Rights by Mister Jalopy.

'메이커 운동'으로 무엇을 (말)할 수 있을까?
- 제작문화를 둘러싼 담론적 지형을 다시 살피며

최혁규 misueno4@gmail.com
문화사회연구소 연구원.

국내에 메이커 운동이 소개된 지도 어언 7년 정도가 지났고, 초기의 거품은 어느 정도 걷힌 것 같다. 한때 어떤 이들은 메이커 운동이 이 시대의 문제를 해결할 메시아인 양 떠들어 댔다. 경제 위기와 극복의 내러티브에서 기술 혁신은 위기를 뛰어넘어 우리를 장밋빛 미래로 데려다 줄 구원 투수로 제시되곤 하는데, 2016년 세계경제포럼에서 '4차 산업 혁명'이라는 말이 화두로 던져지자마자 모두가 이 말의 뜻을 해석하고 실천 방안을 내놓기 위해 머리를 싸맸다. 그때 메이커 운동이 새로운 산업 혁명을 대비하기 위한 방법 중 하나로 제시됐고, 메이커 운동에 대한 말들도 산더미처럼 늘어나며 실체보다는 의미와 해석만 무성해지기 시작했다.

일종의 담론 과잉 현상이었고, 풍요 속의 빈곤이었다. 메이커가 되기 위한 실용적인 방안들이 앞다투어 제시되었고, 메이커 운동을 창업과 관련지은 각종 보고서와 논문들, 정책과 교육 사업들, 심지어 자격증까지 만들어졌다. 메이커 교육에서 해커 운동 본연의 정신이 중요하다고 말하거나, 창업 중심의 메이커 운동을 비판하면서 직접 만들어 보는 문화부터 만들어져야 한다는 의견이 나오기도 했다. 메이커에 대한 담론은 점점 무성해져 갔지만, 그 와중에 정말 중요한 담론은 많지 않았다. 시간이 흐르면서 점차 거품이 빠지기 시작했다.

이제 메이커 운동이 세상의 문제들을 해결해 줄 것처럼 떠들던 사람들도 조용해졌으니, 흥분을 가라앉히고 메이커 운동을 둘러싼 여러 쟁점들에 대해 차분하게 다시 물을 수 있을 테다. 사람들은 왜 어떻게 이것에 열광하게 되었을까? 대체 메이커 운동이 무엇이기에 이렇게 대단한 것처럼 이야기할까? 메이커 운동으로 (말)할 수 있는 것은 무엇이고 (말)할 수 없는 것은 무엇인가? 어찌 보면 처음부터 메이커 운동은 해결책이라기보다는 오히려 질문거리였는지도 모른다.

열광 이후, 이제 남은 자들의 시간

Where did the Maker Movement begin?

1900 Arts & Crafts
1960 HACK
1990 D.I.Y.
2005 the maker movement

미국에서의 메이커 운동을 소개하는 슬라이드 중 일부. 출처 : slide share ⟨What is the maker movement?⟩(Oct 5, 2016)

많은 사람들이 메이커 운동에 열광했던 이유는 사실은 새로울 것 없었던 기술들을 문화적 흐름으로 포장해서 여러 의미를 부여했기 때문이다. 가령 3D 프린팅 기술은 이미 1980년대에 개발되었다. 하지만 사용할 수 있는 소재가 다양해지고 주요 특허가 만료되면서 오픈 소스화되어 대중적으로 보급될 수 있는 문이 열렸다. 아두이노나 라즈베리파이 같은 마이크로컨트롤러 같은 경우는 새로운 기술이라기보다는 프로그래밍을 쉽게 배우기 위해 교육용으로 모듈화해서 개발된 초소형 컴퓨터이다. 이러한 점에서 보면 사람들이 메이커 운동에 이끌렸던 것은 기술 혁신 그 자체는 분명 아니다. 오히려 기술에 대한 접근성과 활용성이 높아진 조건에서, 놀이적 관점에서 기술을 이용하고 공유하는 사람들에게 온오프라인 교류 공간을 제공했고, 이들에게 '메이커'라는 개인적이고 집단적인 정체성을 부여했기 때문이다. 그런 데다 메이커가 되면 경제적인 이득도 볼 수 있다는 일종의 창업 신화를 만들어 내면서 이 놀이가 경제적 가능성으로까지 연결될 수 있다는 희망을 심어 주기도 했다.

이러한 열광도 잠시, 메이커 운동에 대한 관심은 가라앉았다. 시간이 흐르면서 자연스럽게 줄어든 측면도 있지만, 메이커 운동의 상징이었던 미국의 메이커 관련 기업이 파산한 것도 한몫한 듯하다. 올해 중순, 미국에서 메이커 운동을 출발시킨 데일 도허티가 이끌던 '메이커 미디어'가 파산 절차에 들어간다는 소식이 전해졌다. 앞서, 2017년 말에는 《메이커 운동 선언》의 저자로 이름이 알려진 마크 해치가 창립한 제작 공유 공간maker space '테크샵TechShop'이 문을 닫았다. 이는 메이커 운동에 참여하거나 관심을 갖던 사람들에게 적지 않은 충격을 주었다. 하지만 동시에 어떤 이들은 예상했던 결과라고 말하며 별일 아니라는 듯이 받아들였다. 아마도 메이커 관련 행사나 온오프라인 공간 운영의 사업성을 어떻게 생각했는지에 따라 사건을 받아들이는 온도가 달랐을 것이다.

그 사이 메이커 운동을 비즈니스 모델로 삼아 한탕 하려고 주위를 두리번거리던 장사치들은 할 수 있는 한 메이커 운동을 팔아먹고 어딘가로 사라졌고, 4차 산업 혁명과 메이커 운동 운운하면서 메이커 교육을 외치던 이들은 목소리가 점차 줄어들었다. 이제는 초기의 메이커 관련 사업과 활동들이 우후죽순으로 생겨나던 수용기를 지나, 메이커 운동을 무언가 의미 있는 문화적 현상으로 연결하기 위해 고군분투하는 사람들이 남아 나름의 고민을 이어 가는 중이다. 그것이 신자유주의 시대 기업가적 주체를 만들기 위해서이든, 4차 산업 혁명 시대를 이끌어 갈 창의 융합 인재를 만들기 위해서든, 디지털 기술로 지역 문제를 해결하는 사회 혁신가를 길러 내기 위해서든, 기술 공포를 극복하고 능동적으로 기술을 이용할 수 있는 감각을 길러 주기 위해서든, 자기 욕구를 투영해 나름의 방식대로 메이커 운동을 정의하면서 활동을 지속하고 있다. 위기는 일종의 기회라고, 이제는 남은 자들의 시간이다.

메이커 운동, 제작문화의 상품화

메이커 운동의 짧은 역사를 다뤄 보자. '메이커 운동'을 '운동movement'이라고 받아들이면 그 사회적 가치의 측면에 주목하다 다른 측면들을 놓치게 되는 경향이 있다. 오히려 메이커 운동을 하나의 '상품'으로 간주한다면, 상황을 조금 더 명쾌하게 볼 수 있다.

미국의 메이커 운동은 2000년대 중반 일정한 역사적인 흐름 속에서 태동한 상품명이다. 갑자기 새롭게 등장한 사회 문화적 흐름이 아니라, 해킹, DIY, 차고 문화 등의 하위문화 형태로 이미 존재하고 있었으며, 예술이나 엔지니어링 계열의 전공생들이 학교 제작소에서 실습하던 활동이었다. 그 와중에 몇몇 기술적 변화들이 기존의 생산 방식과는 다른 가능성을 보이자, 영리한 학계와 미디어 기업은 이러한 흐름을 끄집어 내고 각종 화려한 수식어를 붙이면서 사업 아이템으로 상품화했다. 메이커 운동의 대표적인 사업인 '메이커 페어Maker Faire'와 《메이크:》 잡지를 만든 데일 도허티는 메이커를 "기술을 단순히 소비하기만 하는 사람이 아니라, 기술을 필요에 맞게 변형해 삶의 일부로 만드는 사람"이라고 정의하며 메이커 운동의 시작을 알렸다. 메이커 운동도 오라일리 미디어O'reilly Media에서 런칭한 브랜드이듯, 팹랩Fab Lab, Fabrication Lab도 마찬가지다. MIT의 닐 거센펠트는 팹랩 활동을 "책상 위에 다가올 혁명"으로 정의하며 팹랩 운동의 신호탄을 쏘아 올렸다. 이들은 제작문화를 개인 제조personal fabrication 혹은 탁상 제조desktop fabrication❶라고 지칭하면서 새로운 의미를 부여했다.

이러한 흐름을 몇몇 기업가나 경영자들이 받아 자신의 사업 전략과 자기 개발 담론으로 제시했다. 롱테일 경제학의 주창자 크리스 앤더슨은 《메이커스》에서 "발명가가 곧 기업가가 되는 시대"라고 천명했으며, 마크 해치는 《메이커 운동 선언》을 통해 메이커 운동을 "스스로 필요한 것을 만드는 사람들이 만드는 법을 공유하고 발전시키는 흐름"으로 정의했다. "만들라, 나눠라, 줘라, 배워라, 도구를 갖춰라, 즐겁게 만들라, 참여하라, 후원하라, 변화하라"라는 메이커 십계명을 제시하면서, 모두 메이커 운동에 참여하여 "산업 혁명을 이룰 창의적 메이커 군대"가 될 것을 촉구했다. 기발한 아이디어와 기술력을 바탕으로 뭔가 만들어 내는 메이커 운동이 확산되는 장면을 보고 오바마 대통령이 '메이드 인 아메리카'가 될 것이라고 외친 일도 이러한 흐름 속에 있다. 이러한 흐름은 메이커 운동의 경제적 가능성을 강조하면서, 메이커 운동을 쇠퇴한 제조업을 다시 일으킬 신성장 동력으로 의미화한다.

❶ 기존의 제조는 기계 설비를 둘 수 있는 규모 있는 공장에서만 가능했다면, 이제는 책상 위에서 컴퓨터와 소형화된 공작 기계와 3D 프린터 등을 통해 혼자서 제품을 만들어 낼 수 있게 되었다는 의미에서 개인 제조 혹은 탁상 제조라는 표현을 쓴다.

메이커 운동의 타임라인.
출처 : pinterest

메이커 운동 담론의 수용, 욕망에 따른 다양한 충돌과 분화

국내 메이커 운동의 수용과 분화를 명확하게 서술하는 것은 불가능하겠지만, 큰 맥락들을 서술할 수는 있을 것이다. 대개 《메이크:》, '메이커 페어', 제작 공간 maker space 이 세 요소를 메이커 운동의 필수 조건으로 상정하고 있는데,❷ 국내에도 이런 것들이 생겨나면서 메이커 운동이 본격적으로 소개되기 시작했다. 메이커 운동에 직간접적으로 영향을 주고받은 초기 제작 문화 활동에는 미디어 아트나 시각 디자인 작업을 하던 작가군과 온라인 기반의 개발 커뮤니티들이 선두적인 역할을 했다. 2010년 초기 미디어 아트 작가들이 모여 만든 '해커스페이스서울', 대전에 자생적으로 만들어진 '무규칙이종결합공작터 용도변경', DIY 커뮤니티인 '땡땡이공작'이 만든 '릴리쿰' 등의 제작 공간들이 생겼고, 기술 놀이를 중심으로 여러 워크숍들을 진행하는 '청개구리제작소' 같은 팀들이 여러 제작 활동을 하면서 메이커 문화를 소개하기 시작했으며, 온라인 커뮤니티인

《메이크:》 한국판 창간호 표지

❷ 메이커 운동을 설명할 때 이 세 가지 요소를 기본적인 조건으로 상정한다. 《메이크:》는 메이커들이 서로의 만드는 법을 공유하는 잡지의 이름이고, '메이커 페어'는 메이커들이 서로 만든 제작물들을 가지고 나와 전시하는 메이커들의 축제이다. 그리고 '제작 공간'은 제작을 위한 여러 장비와 도구들이 구비되어 있는 공유 공간을 뜻한다. 《메이크:》와 '메이커 페어'는 일종의 고유 명사로 메이커 미디어가 라이센스를 가지고 있는 잡지와 행사 이름이기도 하다.

'라즈베리파이&임베디드사용자모임'이나 '오로카(오픈 소스 하드웨어 및 소프트웨어로 만들어 가는 로봇 기술 공유 카페)' 등의 모임들이 활성화되기 시작했다. 그리고 이러한 그룹들 중 일부는 문화운동이나 사회운동의 차원에서 미술공예운동이나 해커 운동과 같은 기원을 참조하면서 비판적인 제작문화를 만들어 가기 위해 메이커 운동을 전유한다.

유사한 시기에 IT 관련 전문 출판업체 한빛미디어는 《메이크:》를 발간하고 '메이크 페어'를 개최하면서 이러한 문화가 확산될 수 있는 기반을 조성했다. 한빛미디어는 1997년부터 오라일리 미디어와 업무 협약을 맺은 출판사로 '메이커 운동'에 대해 오라일리 미디어와 브랜드 라이센스 계약을 하고 2011년부터 이 사업을 준비했다.❸ 한빛미디어는 2012년 데일 도허티를 초청하면서 제1회 메이크 페어를 개최했고, 잡지 《메이크:》 한국어판을 발행했다. 그리고 각종 메이커 매뉴얼과 부품 사전 등 제작 활동과 관련된 서적들을 출간하면서 메이커 운동에 관련된 정보들을 지속적으로 소개했다. 이러한 책들은 한편으로는 제작 활동에 직접적으로 도움이 되는 실용서이기도 했지만, 다른 한편으로는 메이커 운동에 대한 여러 담론과 활동들이 확산되는 계기를 제공하면서 문화적 정당성을 확보할 수 있도록 했다.

주목할 만한 것은 가장 영향력이 강한 중앙 정부의 움직임이다. 중앙 정부는 메이커 운동을 신성장 동력이라는 관점에서 해석하고 메이커 창업 정책을 전개했다. 최초의 우주인으로 유명세를 얻은 고산은 2012년 세운상가에 '팹랩 서울'을 출범시켰는데, 정부와의 협업 관계 속에서 '시제품제작터'와 '셀프제작소'라는 제작 공간이자 창업 공간 운영을 위탁받으면서 창업 운동을 본격화했다. 메이커 운동에 대한 주요 정책 연구 용역을 맡았던 매직에코의 최재규 대표는 메이커 운동을 수용하여 'ICT DIY 포럼'이라는 이름의 기구를 만들었으나, 크리스 앤더슨의 방한과 함께 '메이커 운동'이라는 명칭이 확산되면서 힘이 기울었다. 이후 미래창조과학부와 그 산하의 한국과학창의재단은 메이커 운동을 "창조경제의 문화적 뿌리"로 정의하고 "100만 메이커 양성"을 정책 목표로 제시하기까지 한다. 스스로 "창업 운동가"로 지칭한 고산은 자신이 대표로 있는 타이드인스티튜드라는 기업을 통해 창조경제센터 내 메이커스페이스 개소에 관여하고 이 사업장들을 위탁받으면서 메이커 운동을 통해 창업 붐을 일으키고자 고군분투한다. 최근에는 중앙 정부가 메이커 운동 사업 담당을 중소기업벤처부로 이관하면서 창업 정책으로서의 성격을 확실히 했다. 이러한 흐름 속에서, 어떤 메이커들은 정부 지원을 통해 활동을 시작하거나 존속하기도 하지만, 다른 이들은 창업 중심의 정부 정책 방향에 대해 강하게 비판하기도 했다.

2016년 이후 '4차 산업 혁명'의 바람이 강하게 불어오기 시작하며 메이커 운동은 "4차 산업 혁명의 핵심"인 동시에 4차 산업 혁명을 대비하기 위한 교육 방법으로 급격하게 부상했다. 기존에도 한국과학창의재단은 STEAM 교육으로서 메이커 교육을 실행하고 있었다. 하지만 4차 산업 혁명 담론이 유입된 뒤, 교육 제도 안에서도 메이커 교육이 창의 인재 양성을 위한 교육으로 주목받고

❸ 오라일리 미디어는 컴퓨터 기술 서적을 출판하는 미국의 미디어 기업이다. 데일 도허티가 이 출판사에서 《메이크:》를 창간했고, 이후 2013년 '메이커 미디어'를 창립하여 독립했다. 또한 한빛미디어는 2017년 말 《메이크:》와 메이크 페어의 라이센스를 종료했고, 이후 2018년 디지털 전문 미디어 기업인 '블로터앤미디어'가 메이커 미디어와 독점 라이센스 계약을 맺으면서 메이커 페어를 진행하고 있다.

수용되기 시작한다.

서울시교육청은 미래 사회를 대비하기 위한 교육으로 메이커 운동에 주목해 '서울형 메이커 교육'을 실시하겠다고 선포하고, 여러 메이커 교육 기관들과 연계하여 인프라를 구축한다. 다른 교육청들도 메이커 교육을 받아들이기 시작하며 메이커 교육이 주요한 교육 방법이 된다. 이 과정에서 충남교육청은 메이커 교육의 한국어 이름 공모를 통해 '상상이룸교육'이라는 이름을 채택하기도 한다. 나름대로 메이커 교육을 토착화시키기 위한 노력이라 봐야 할까? 더 지켜봐야 알 일이다.

일각에서는 사회 혁신이나 리빙랩의 관점에서 메이커 운동을 의미화하고 실행하려 했다. 혁신 정책을 펼치려 했던 서울시가 이에 해당한다. 서울시는 혁신파크 내에 '메이커파크'를 설치하고 리빙랩 사업을 실행하는 등 메이커 운동과 연계된 여러 기반 시설과 사업들을 마련했다. 주로 도시 문제나 사회 문제 해결 혹은 적정기술운동에 일조할 수 있는 활동으로 메이커 운동을 이끌어 가기 위한 프로그램들이었고, 이러한 서울시의 행보는 창업 지원을 중심에 둔 중앙 정부의 메이커 정책과는 상이한 측면을 가지고 있다. 이러한 점은 서울시 도시 재생 정책 차원에서 세운상가를 '메이커시티'로 만들겠다는 계획이나, 혁신 정책의 맥락에서 '팹시티'에 대한 담론적 장을 만드는 사업도 같은 틀로 바라볼 수 있다. 서울시는 확실히 경제적 측면보단 사회 문화적 차원에 더 집중했다.

이렇게 메이커 운동은 특정한 시기에 해당 주체들의 욕구와 욕망에 따라 특정한 의미가 강조되면서 수용되고 분화되었다. 사정이 이렇다 보니 단 하나의 메이커 운동이 존재한다기보다는 제작문화의 역사와 다양한 의미들이 메이커 운동을 통해 재구성되고 새롭게 생성되면서 서로 공존하고 있다.

제작, 너무나 정치적인 행위

모든 것이 정치적이다. 직접 무언가를 만들어 보는 경험, 즉 분해·조립·수리·설계·제작도 정치적인 행위이다. 메이커 운동으로 무엇을 말할 수 있는지 묻는다면, 어쩌면 이 행위에 대한 독해와 자각이 중요한 문제일 수 있다.

이런 관점에서 가장 건조하게 기술한다면, 메이커를 다음과 같이 정의해 볼 수 있다. '기술의 지배적인 방식을 그대로 사용하는 수동적인 주체가 아니라, 기술적 대상을 분해·조립·수리·설계·제작하는 능동적인 기술 이용자이자 창의적인 기술 주체.' 그렇다고 이 능동적인 기술 주체가 그 자체로 어떤 가치를 포함한다고 보긴 어렵다. 왜냐하면 이 주체가 기존의 기술-사회 시스템을 유지하고 견고하게 하는 방향으로 자신의 기술을 사용할지, 체제에 저항적인 방식으로 기술을 활용할지 그 현실적 향방을 알 수 없기 때문이다.

메이커 운동이 모듈화된 디바이스에 오픈 소스와 놀이 문화를 접목하여 기술 이용에 대한 접근성을 높이고 진입 장벽을 낮췄음에도 불구하고, 여전히 담론들은 디지털 기술과 같은 하이 테크놀로지와 창업 성공담 중심으로 편향되어 있는 측면이 있다. 그러다 보니 메이커 운동은 한국 사회에 만연한 기술 엘리트

서울시교육청은 '서울형 메이커 교육'을 추진해 왔다.

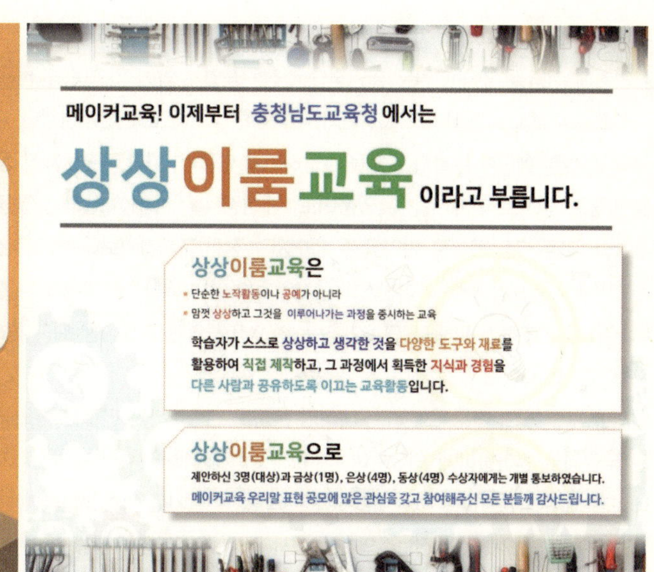

충남교육청은 메이커 교육의 한국어 표현을 '상상이룸교육'으로 정했다.

주의, 기술의 젠더 편향성 그리고 로우 테크놀로지와의 연속성과 같은 문제들을 다룰 수 있는 여지가 많지 않다. 물론 새로운 시도를 통해 이러한 흐름을 깨려는 여러 힘들이 존재하지만, 메이커 운동을 둘러싼 담론과 실천들은 여전히 기존의 통념과 체제가 재생산되는 식으로 돌아가려고 할 가능성이 높다.

현재의 메이커 교육이 창의성을 길러 내는 것에 집중하고 있다면, 그것만으로는 부족하다. 사회에 대한 비판적 인식을 가진 시민적 주체를 양성하고자 했던 문화교육의 이념을 다시금 떠올려보는 것도 꽤 유용할 듯싶다. 기술 시대에 창의적인 일을 스스로 만들어 간다는 목표 이상으로 더 상상력을 확장시킬 필요도 있다. 메이커 운동은 어떤 시민성을 겨냥하는가?

"스스로 필요한 것을 직접 만들어 쓴다"라는 메이커 운동의 DIY 정신은, 그리고 이를 통해 달성하고자 하는 DIY 시민성은 능동적이고 창의적인 시민이라는 긍정적 의미를 획득하기도 하지만, 다른 한편으로는 사회적으로 발생한 여러 문제들과 위험들을 자기 스스로 책임지고 감내해야 하는 신자유주의적 주체를 뜻하기도 한다. 다시 말해, 정부나 기업이 책임져야 할 일을 개인에게 외주화하고 있는 상황을 정당화해 주는 기제가 될 수도 있다는 뜻이다. 그렇기 때문에 창의적인, 스스로 직접 만들어 문제를 해결하는 DIY 시민성도 쉽게 긍정하기 어렵다. 우리는 무엇을 말할 수 있을까?

무언가에 이름을 붙이는 일은 필연적으로 정치적일 수밖에 없으며, 담론은 사회적으로 유포되고 현실적으로 구현되면서 문화 정치적 효과를 수반한다. 우리나라의 경우, 메이커 문화와 운동을 수용하면서 만들기, 자작, 수리, 제작 등 충분히 일반 명사로 이야기할 수 있음에도 "메이킹" 혹은 "메이크"라는 말을 고수했다. 이는 다른 언어로 번역할 수 없어서 발생한 문제라기보다는 고유한 브랜드명을 사용해야 하는 라이센스의 문제로 보아야 이해하기가 수월하다. 물론 이 운동을 강조하기 위해서 '만들기'라는 일반 명사와는 차별점을 둬야 했다는 구별 짓기의 측면도 있을 테다.

이러한 구별 짓기 때문에 우리는 메이커 운동을 연속보다는 단절을 통해 새로운 무언가로 받아들이게 되었으며, 메이커 교육도 메이커시티도 마찬가지다. 메이커 교육이 주장하는 핵심적인 교육 철학인 '만들기를 통한 학습learning by making'은 이미 오랫동안 진보주의 교육에서 주장했던 '실천을 통한 학습learning by doing'과 크게 다를 바 없다. 다만 4차 산업 혁명이라는 담론의 현실적 효과에 대응해 조금 더 세련되고 그럴싸해 보이는 방식으로 자기 정당화를 했을 뿐이다. 메이커시티 혹은 팹시티 또한 이미 도시 제조업이라는 용어로 도시 내에서 적합한 형태의 제조업에 대해 논의가 되고 있었음에도 불구하고, 이러한 논의와 문제의식을 이어 받기보다는 도시를 구성하는 새로운 원리인 양 디지털 제작을 앞세웠다.

그렇기 때문에 기술 주권이나 기술 민주주의와 같은 기술-정치의 메시지들이 메이커 운동에서는 빠져 있는 것인지도 모른다. 기술의 발명과 개발에 개입하고 통제할 수 있는 민주적 권리, 결정되는 기술을 이용하는 것만이 아니라 기술의 생산과 유통과 소비에 참여하면서 기술의 방향을 민주적으로 논의할 수 있는 권리 등을 시민들이 가지는 것을 상상하는 게 아직도 요원한 일이기 때문에, 우리가 이를 메이커 운동과 함께 사고하지 못하고 있는 것일 수도 있다.

분명한 점은 메이커 운동이 기술, 제작, 제조, 생산이라는 말이 오늘날 우리에게 어떤 의미인지에 대해 질문을 던졌다는 것이다. 개인 단위에서, 소규모 공동체 수준에서, 사회-국가적 차원에서 이러한 질문들을 다시금 생각해 볼 수 있는 계기를 마련해 줬다. 메이커 운동은 우리에게 해답을 주었다기보다는 다시 생각해 볼 수 있는 질문들을 던져 준 셈이다. 따라서 우리에게 기술과 제작이 무엇인지, 어떻게 만들어야 하는지, 우리는 제작 기술을 통해 어떻게 세계를 마주해야 하는지, 오늘날의 생산 활동은 어디로 가는 건지 집요하게 물고 늘어지면서 계속해서 새로운 시도를 해 보는 방법밖에 없을 것이다.

메이커 운동은 우리에게 기술 주권, 기술 민주주의에 대한 질문을 던졌다.
출처 : University of Cambridge www.techdem.crassh.cam.ac.uk

호랑의 모험
- 왜, 어떻게, 메이커 문화를 탐험하고 있는가에 관하여

선윤아(호랑) aaahours@gmail.com
손의 감각과 새로운 기술을 결합하는 실험에 관심을 가지고 있습니다.
그래픽 디자인과 문화 예술 기획을 합니다.

지난 몇 년간 릴리쿰을 소개할 일이 있을 때마다 쓰곤 했던 문장으로 글을 시작해 본다. "릴리쿰은 '만들기'를 삶의 방식으로 삼아 일상과 환경을 복원하려는 사람들이 모여 교류하는 활동이자 공간이다." 이 문장은 2013년 서울 이태원에 첫 공간을 오픈할 때 크라우드 펀딩으로 공간 사용자들을 미리 만나기 위해 소개 페이지를 만들면서 고심하여 정했던 것이다. 이 나름의 정의에서 가장 전달하고 싶었던 메시지는 '만들기를 삶의 방식으로 선언하는 것'이었다. 그리고 그 선언을 의심하고 확신하기를 반복하면서 썼던 책 《손의 모험 - 스스로 만들고, 고치고, 공유하는 삶의 태도에 관하여》가 그로부터 3년 뒤 세상에 나왔다.

얼마 전, 출판사로부터 오랜만에 연락이 왔다. 2쇄를 찍자고. 또 한 번, 3년만의 일이다. 그러고 보니, 저 문장을 만들 때는 미처 생각도 못 했던 것 같다. 앞으로 얼마나 많이 저 말을 곱씹게 될지……. 그동안 종종 메이커 문화에 대한 이야기를 해 달라는 강의 요청도 받았지만, 메이커 문화에 대해 누군가 야심차게 정의해 놓은 말들을 빌려 설명하는 것은 영 내키지도 않았고 잘하지도 못했다. 그냥 우리의 이야기를 잘 전하면, 그것이 메이커 문화의 한 축으로 읽히는 것 같다. 그래서 이번에도 그렇게 하려고 한다. 단, 두 번의 3년이 지나는 동안 우리의 작업과 활동 속에 어떤 전환의 지점들이 있었는지 되새겨 보는 것을 이 글의 목적으로 정했다.

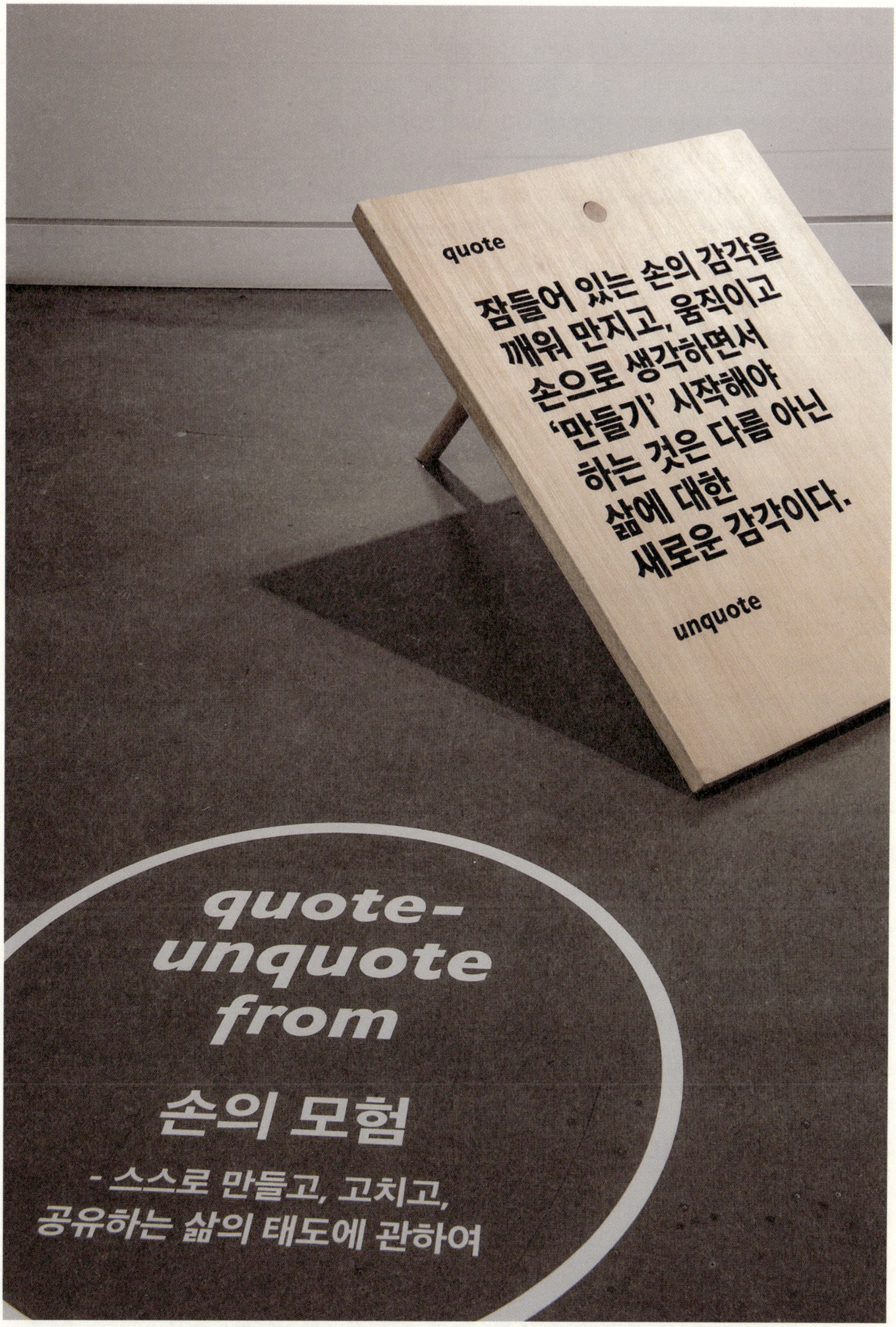

《손의 모험》 출간을 계기로 열게 된 솔로 전시 '누구에게나 필요한 __, __, __'(2017년, 갤러리밈)의 설치 작품.

전환 1 - 땡땡이를 시작하다

릴리쿰의 정체성과 활동 사례를 소개하다 보면 2012년 '땡땡이공작'이라는 이름으로 활동했을 때부터 이야기를 시작하게 된다. 사실상 그해의 경험이 우리에게 가장 결정적인 순간들을 많이 남겼기 때문이다. 4명의 땡땡이들이 처음 모이게 되었던 이유는 각자 달랐지만, 모두가 그저 돈을 벌기 위한 일이 아닌 나답게 살 수 있는 일을 하고 싶은 바람, 그리고 창작의 기질을 가진 사람들이었다. 기술, DIY, 놀이, 한량……. 각자 꽂혀 있던 이야기들을 버무리다가 '뭔가 쓸데없이 고퀄리티인 것들을 만드는 잉여스런 활동을 해 보자'고 마음을 모았다. 레고에 구멍을 뚫고 전자 회로를 넣어 장난감을 만들기도 했고, 무선 통신과 연 날리기를 결합해 보자며 연 만드는 법부터 무턱대고 연구하기도 했고, 멀쩡한 아이폰을 해체하고 재조립하기도 했다. "우리는 놀면서 만들고 만들면서 논다", "우리는 쓸데없는 것의 힘을 안다"라고 적었던 매니페스토가 땡땡이공작을 가장 잘 설명하는 언어다.

그해에 한국에서의 첫번째 메이커 페어가 서울 홍대 앞 서교예술실험센터에서 열렸다. '메이커'라는 말을 재정의한 잡지 《메이크:》를 만든 데일 도허티가 한국을 방문해서 스피치를 했고, 나는 어쩌다 보니 그 자리를 채운 청중 중 하나였다. 그날 데일 도허티가 어떤 이야기를 했는지 구체적으로는 생각나지 않지만, 내내 땡땡이공작의 활동을 응원받는 기분이 들었던 것을 기억한다. 메이커 운동이 궁금해지기 시작한 건 그 때문이었던 것 같다. 당시 에디터로 활동하던 미디어 아트 전문 웹진 앨리스온aliceon.net에 메이커 페어를 기획하고 참여한 사람들과의 인터뷰를 엮어 '만드는 사람들의 시대'란 제목의 기사를 쓰면서, 메이커 운동이라는 새로운 흐름에 대해 알아 가기 시작했다. 오픈 소스 기술이 세상에 기여하는 방식과 인간의 창작 본능이 만날 때 일어날 수 있는 모든 일들이 그 세계 안에 있었다.

월간 실패 : 릴리쿰의 활동을 아카이브하는 도구이자 실패의 경험을 회고한 모음집. 2012년 1월호부터 2017년 9월호까지 60여 호가 제작되었다. 북서울시립미술관 'Make It' 외 다수 전시.

전환 2 - 빨간 약을 삼키다

친구와 둘이서 나눠 쓸 작은 작업실 한 칸이 있었으면 좋겠다는 생각을 하던 중에, 이태원 보광동에 스튜디오들이 생기기 시작한 걸 구경하러 나갔던 날이었다. 앤틱 가구 거리에서 보게 된 공간에 마음을 빼앗겨 충동적으로 계획보다 큰 작업실을 임대하기로 해 버린 게 릴리쿰의 시작이었다. 계약을 앞둔 전날 밤 앞으로 감당해야 할 월세를 생각하며 잠을 설쳤더랬다. 공간이 크니 같이 쓸 사람들이 더 필요했고, 그렇게 땡땡이공작의 작업실 겸 친구(릴리쿰의 도요)와의 작업실로 시작했다가, 새로운 이름의 공동 작업실을 구상하게 된 것이다. 특별히 작업실을 세팅할 돈을 모아 둔 상태도 아니었으니 돈도 아껴야 했고, 첫 작업실이니 내 손으로 직접 꾸미는 기쁨도 누리리라며 모든 공사를 직접 하기 시작했다. 오래된 갈색 나무 타일로 마감되어 있는 벽 위에 어두운 인디고 톤의 페인트를 발라 공간의 분위기를 바꿨다. 20여 개의 조명, 10여 개의 선반을 설치했다. 동대문에서 커튼을 떼다 달고, 합판을 잘라 테이블 상판도 직접 만들었다. 부엌 공간을 만들기 위해 싱크대를 사다 직접 설치하고, 시멘트 블럭을 사다 나른 후 그 위에 타일을 붙여 그럴싸한 주방용 바 테이블도 만들었다.

일을 병행하면서 장비와 공구를 직접 사러 다니고, 내 손으로 일일이, 해 본 적이 없는 일들을 직접 하다 보니 공간을 열어 사람들을 초대하기까지 3개월이 걸렸다. 그때는 그 시간이 너무 아깝게 느껴졌지만, 지금은 그 3개월 동안 참 많은 것을 경험했다는 걸 안다. 나는 잠시 배운 목공 기술을 '할 수 있다'는 자신감으로 잘 써먹어 보았고, 직접 작업해 보면서 장비와 재료에 대해 새롭게 알게 된 지식들은 지금도 유용하다. 조명을 설치하면서 전기에 대한 나의 무지함에 '멘붕'을 느껴 '전자공학도들' 스터디 모임을 시작할 수 있었던 것도 지금까지 소중한 인연들이 이어질 수 있었던 전환점이다.

이처럼, 만들기는 만드는 시간 동안 손을 움직이고 땀을 흘리면서 얻게 되는 촉감적이고 경험적인 보상 외에도 여러 형태의 기쁨을 동반하는 일이다. 그리고

만들기의 기쁨을 즐길 때 동시에 찾아오는 것이 있다. 그동안 보이지 않았던 (혹은 외면하고 있던) 불편한 진실을 읽는 마음이다. 직접 만들다 보면, 자연스럽게 물건의 쓰임과 수명에 대해 생각하게 된다. '직접 만드는 게 돈이 더 드는데 뭐 하러 만들지?'라는 질문에 '그럼 그냥 사지 뭐'라고 답하는 대신, 너무 빨리 폐기되는 제품들과 값싼 물건들에 대해 생각해 보게 될 것이다. 자원을 소중히 쓰는 것에 대해, 생활의 편리를 위해 만들어 내고 있는 엄청난 쓰레기에 대해 생각하게 될 것이다. 현명한 소비자로 살아가기에도 피곤한 현대인에게 이 불편한 진실들은 괴롭다. 마치 매트릭스에서 깨어나는 빨간 약을 먹은 것처럼, 그 이전으로 돌아갈 수 없다. 그러니 현실을 바꿔야 한다는 숙제가 생긴다.

전환 3 - 공전 궤도

'노닥노닥 스튜디오'는 지금은 없어졌지만 릴리쿰이라는 공간을 설계할 때 많은 영향을 받은 곳이다. 일종의 커뮤니티를 위한 공유 공간을 실험한 그곳에서 땡땡이 시절의 우리는 소유에 대한 감각을 조금씩 달리해 보는 경험을 할 수 있었다. 비슷한 생활 양식과 취향을 가진 사람들이 자연스럽게 모이는 공간이 되면서 무엇보다도 새로운 축의 관계 맺기를 경험한 시간이기도 했다. 하나의 공간을 거점으로 여러 개의 작은 단위 커뮤니티가 자발적으로 생겨났다. 기타 연주를 연습하는 모임, 정해진 요일마다 함께 저녁을 먹는 모임(돌아가면서 요리를 한다), 드로잉 모임, 코딩 스터디 모임……. '뭔가 마을 청년 회관 같다'고 농담을 주고받을 만큼 소소한 일상을 나눌 수 있는 관계들이 형성되었다. 우리 역시 땡땡이공작의 워크숍을 진행하거나, '꽁냥꽁냥공작' 같은 이름을 붙여 다 같이 모여 하루 종일 각자의 만들기를 하고 소소한 결과물들을 공유하는 이벤트를 꾸리기도 했다. 돌이켜 보니 커뮤니티가 개인을 어떻게 확장시키는지 확실히 경험한 것이 그때였던 것 같다.

제작 도구들이 갖춰져 있는 개러지 릴리쿰(2015~2018년) 공간의 모습.

릴리쿰을 열면서 그런 열린 공간, 사람들이 스스로 사용자가 되는 공간이 되기를 바라는 마음이 있었다. 사실 내가 직접 그런 공간을 잘 만들고 운영할 수 있다는 자신감은 별로 없었다. 하지만 우리의 곁에 이 공간을 지지해 줄 사람들이, 나의 동족들이 있었기에 조금은 무모하게 실험을 시작할 수 있었던 것 같다. 내가 꿈꾸는 것과 비슷한 세상을 꿈꾸는 사람들이 곁에 많을수록 더 용기를 낼 수 있다. 우리의 자전은 느리지만, 공전 궤도는 크다는 믿음으로.

지난 시간 쉽지 않은 여건 속에서도 활동을 지속할 수 있었던 이유 중 하나로 '공감'을 빼놓을 수는 없을 것 같다. 우리의 활동을 지켜보고 공감해 주고 응원하는 사람들이 계속 존재했기에, 시도해 볼 수 있는 실험의 기회들도 계속 주어졌던 것이라 생각한다. 그 공감들이 있었기 때문에 계속해서 새로운 사람들과 고민을 나누고 서로 배워 가며 지금까지 일을 만들어 갈 수 있었던 것 같다.

전환 4 - 자립, 자생, 자율

정부가 메이커 문화에 주목하기 시작하면서 다양한 지원 사업이 생겨났다. 메이커 육성 사업이니 메이커 문화 확산이니 하는 어젠다들이 난무하기 시작했고, 그 무렵부터 '메이커'라는 이름이 가지고 있던 매력은 내 안에서 퇴색하기 시작했다. 어느 순간 메이커 문화가 3D 프린터 전문가를 양성하고 있었다.

아이러니하지만 릴리쿰은 2018년부터 정부의 '메이커 스페이스 구축 운영 사업' 지원을 받아 서울 마포구 연남동에서 릴리쿰 스테이지를 운영하고 있다. 물론 지원금만으로 모든 활동이 보장되지는 않는다. 행정적 표현을 빌자면, 민간 운영 모델의 자생 방안을 찾고 성장시키는 게 이 사업의 중요한 미션 중 하나다. 이태원의 월 임대료 120만 원을 감당할 방법을 이 활동을 통해 찾아 보자고 멤버들과 함께 결정했을 때부터 우리의 자립을 위한 실험은 이미 시작되었다. 공간 안팎으로 제작과 놀이에 관한 실험들을 문화, 예술, 교육 등 다양한 축위에서 펼쳐 왔고 여러 프로젝트를 기획하고 실행해 왔다. 작년부터는 좀 더 나은 제작 환경을 구축하고 더 많은 사람들과 공유하기 위해 지원 사업에 참여하고 있다.

사실 자립은 메이커 문화 안에서도 중요한 키워드다. 하지만 나는 아직도 내가 이루고 싶은 나의 자립은 어디까지일까를 고민한다. 경제적 자립, 기술적 자립, 존재적 자립……. 내가 끝까지 가 볼 수 있는 모험지는 어디일까? 하지만 결과적으로 어떻게 가능했는지 증명하기 전까지는 이야기가 종결될 것 같지 않은 자생, 자립이라는 숙제보다 '자율'을 실현하는 것이 내가 원하는 상태에 더 가깝다는 생각이 든다.

자율은 내 우주 안의 질서다. 내가 살아가는 방식을 나 스스로 정하는 것이다. '만들기'를 성찰함으로써 자율을 이루는 방법은 무얼까. 스스로 묻고 답해 본다면 현재의 답은 이러하다. 손 끝으로 세계를 이해하면서 나를 확장하고, 사회 속에서 작동하는 비인간적인 시스템에 비판적 사고를 개입시키는 것이다. 소비하거나 물건의 수명을 결정할 때 한 번 더 생각하고, 기술이나 시스템에 의존하는 것을 당연하게 느끼지 않으려고 경계하는 것도 그런 수행이다. 결코 쉽지 않은 일이지만 '나다움'을 지키고자 하는 삶에 없을 수 없는 요소이기도 하다.

전환 5 - 기술에 대한 성찰

만드는 행위를 매개로 사람들과 만나 교류하고, 얻은 지식을 나누는 방법을 고민하고, 발언의 장치로 삼기도 하면서 기술을 대하는 자세에도 전환이 있었다. 그 결과 중에는 2015년 즈음 시작된 '전자요리' 프로젝트가 있다. 요리는 누구나 서툰 상태로 시작하지만 재료에 대해 경험치를 쌓으면서 자기 입맛에 맞는 음식을 만드는 데 점차 능숙해진다. 이처럼 기술도 두려움이나 미지의 대상으로만 남겨 두지 말고 누구나 할 수 있는 '요리' 같은 접근을 해 보자는 의도를 담은 프로젝트다. 그래서 전자요리연구소에서는 전자 회로 부품들을 요리의 재료에 비유해 키트와 프로그램을 만든다. 이를테면, 이문238이라는 어린이 작업실에서 진행한 적 있는 '전자요리 피크닉'은 김밥 도시락 형태로 만든 만들기 튜토리얼과 밀가루 반죽을 이용해 전자 회로를 만들어 보는 방식이다. 국립아시아문화전당의 어린이문화원에서는 쌀국수와 딤섬 같은 아시아 요리를 테마로 전자 회로가 구현되는 키트를 선보이기도 했다. 예닐곱 살의 어린 참가자들을 만나는 워크숍을 진행할 때는 배터리와 LED 전구, 전도성이 있는 점토와 고무 찰흙을 이용해 '반짝이는 컵케이크 만들기' 미션을 주기도 했다. '전자 요리'는 책, 키트, 프로그램의 형태로 계속해서 사람들과 만나고 있다. 이 연구는 이후 더 적극적으로 전자 회로에 놀이를 접목해 기술에 대한 감각을 환기하는 작업인 '회로의 침공술'로도 이어졌다. 회로의 침공술은 블록과 카드를 활용하는 일종의 보드게임인데, 게임을 하면서 블록들을 이어 회로를 연결하거나 다른 사람의 회로를 침공해 전기가 통하는 길을 끊으면서 승부를 겨룰 수 있다.

요즘 릴리쿰 스테이지에서는 우리의 일상을 지배하지만 구조적으로 닫혀 있는 기술들을 조금씩 들여다보면서 그것들을 파헤쳐 보는 실험을 연습하고 있다. 리버스 엔지니어링 워크숍을 열어 스마트 체중계나 패드형 안마기 같은 전자기기를 직접 뜯어 보고 그 원리를 역추정해 보기도 하고, 인터넷의 원리나 컴퓨

전자요리 오픈 키친 워크숍(2016년, 토탈미술관)

전자요리 피크닉 키트

터 암호에 대한 강의를 열기도 한다. 이런 실험들은 참가자들의 지식을 늘리는 것이 목적은 아니다. 우리가 알고 있다고 생각하지만 모르고 있는 것에 대해 직접 느끼는 기회를 만드는 것, 그리고 기술을 더 들여다볼 수 있도록 심리적 거리를 좁히는 것에 더 큰 의미를 두고 있다.

점차 더 많은 사람들이 '읽을 줄 아는' 눈으로 기술을 바라볼 수 있게 된다면, 기술이 우리의 삶을 통제하고 기술의 편리함에 우리의 의식이 잠식되도록 내버려 두지 않는 힘이 될 수 있고, 우리가 선택당하지 않고 선택할 수 있는 힘의 작용이 만들어질 거라는 것이 현재의 가설이다. 최근 '수제작과 리터러시 패러다임의 전환'이라는 주제의 서울핸드메이드포럼에서 발표했던 원고의 끝자락을 붙여 넣으며 글을 마무리하고 싶다.

릴리쿰은 계속해서 기술이 놀이와 사유의 주제가 되어 개인의 삶과 가까워지게 만드는 경험들을 발굴하려 한다. 이러한 시도들이, 우리가 삶을 마주할 때 시스템의 부속이 아닌 나 자신으로 살아갈 수 있는 용기를 주는 순간들로 돌아와 줄 것이라 믿는다. 🔵

직접 언니 바닥의
제작 생활

이보현 slowbadac@gmail.com
읍내 아파트에 고양이랑 함께 산다. 별칭은 바닥. 글쓰기와 말하기를 좋아한다.
말이 많고 빠른 것처럼 좋은 글을 짓고 싶다. 생각하는 대로 살고 싶은 페미니
스트. 혼자서 씩씩하게 동료들과 함께 행복하게 살고 싶다.

필요하면 만든다. 직접. 어떻게든. 대충대충만들러(-er)

처음으로 혼자 살게 된 집에는 가구가 하나도 없었다. 팰릿 폐목재로 만든 스툴 하나를 얻어서 밥상으로 책상으로 썼다. 신발장이 필요하던 차에 다니던 회사에서 팰릿을 이용한 목공 수업을 열었다. 사람들은 열심히 사포질을 해서 목재를 반질반질하게 만들고 스툴이나 책상을 만들었다. 나는 사포질은커녕 대충 나무를 잘라 여기저기 피스만 박아 대고 있었다. 느릿느릿 실수를 연발하는 나를 보고 '신발장 얼마나 한다고 (완성되어도 예쁘거나 안정적이지 않을 게 뻔한데) 이렇게 만들고 있어요? 내가 하나 사 줄까요?'라고 강사가 말했다. "네, 감사하죠"라고 대답했지만 그는 주머니에서 돈을 꺼내는 시늉만 하다가 갔다. 아쉬워라. 신발장을 직접 만든 이유는 돈을 안 들이기 위해서였으니 누가 사 주거나 만들어 주는 것도 상관없었다.

신발들을 놓아둘 무언가가 필요했지만 없어도 살 만했으므로 굳이 사지는 않았다. 워낙 물건을 잘 사지 않는 편이었는데 수입 없이 몇 년 지내는 동안 돈을 쓰는 데 더 인색해졌다. 수업에 기웃거리면 재료를 얻어 직접 만들 수 있다. 들어가는 비용은 0원이다. 사람들은 직접 자기가 쓸 가구를 만들면서 재미를 느꼈을 테지만 나는 생활에 필요한 물건을 사지 않고 내가 만들어 쓴다는 사실이 더 기뻤다. 비록 삐거덕거리고 매우 무겁지만 용도에 맞게 사용할 수만 있으면 만족한다.

폐목재로 만든 신발장. 나중엔 캣타워로 용도 변경.

돈을 벌지 않고도 살 수 있을까 — 저소비 생활자

직접 물건을 만들기 시작한 까닭은 돈 때문이었다. '회사를 다닐 수 없는 종류의 인간'이 아닐까 싶을 만큼 언제나 회사에 다니기 싫었다. 퇴사와 이직을 반복하다가 더 이상 구직을 하지 않기로 결심했다. 회사를 다니면 돈을 벌지만 스트레스를 해소하느라 비용이 더 들고, 시간과 에너지가 없어서 돈이 더 들고, 그러면 돈이 또 없고, 슬프고 이런 일이 반복된다는 생각이 들었다. 집에서 직접 요리할 시간과 여력이 없어서 사 먹다 보면 돈이 더 드는 식이다.

월급을 받지 않는다면 수입이 없을 테니, 돈을 다르게 벌 생각을 해야 할 텐데 나는 다른 방법을 몰랐다. 돈을 아껴 쓰면서 최대한 회사로 돌아가는 날을 늦춰야 했다. 그때부터 다른 사람의 노동과 시간을 사는 데 비용을 들이지 않고 할 수 있는 것은 직접 하는 사람이 되었다. 카페에서 마시던 커피를 원두를 사서 집에서 내려 마셨고 나중에는 생두를 사서 집에서 볶았다. 공정을 거치지 않은 재료는 훨씬 쌌고 내가 볶고 내린 커피는 제법 맛있었다. 역시 자급의 필수 조건은 자족, 스스로 생활과 결과에 만족하는 것이다. 내가 만든 노래를 혼자 부르고 듣고 좋아하는 것처럼 말이다.

초와 돌과 화분으로 만든 손난로

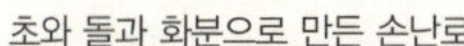

사람이 살아가는 데 필요한 의식주를 비용을 들이지 않고 해결할 수 있을까? 옷은 아는 사람들에게 얻어 입거나 싸게 살 수 있을 것 같았다. 음식도 직접 농사를 짓거나 산과 바다에서 수확할 수 있다면 돈이 적게 들 터였다. 돈이 안 드는 방식의 최전선, 산에서 채집을 해야겠다고 생각하고 산나물을 채취하는 법을 배우러 산속 명상 공동체에 들어갔다. 전기료와 기름값 걱정 없는 집을 직접 짓고 싶어서 생태 건축 집짓기 워크숍에도 갔다. 일을 할 줄 모르는 몸은 고된 육체노동에 병이 났다. 산에서는 한 달 만에 허리가 상해서 내려왔고, 건축 현장에서는 우울과 고통에 시달렸다. 그래도 생활에 돈을 조금 쓰면서 살 수는 있었다. 아는 사람들의 집이나 공짜로 지낼 수 있는 거처를 찾아다니며 신세를 지고 숙식이 제공되는 곳에서 일하며 살아가는 데 드는 비용을 최소화했다. 중간중간 일하고 돈을 벌면서 긴 배낭여행을 하듯 돌아다니며 살았다.

산나물 채취법을 배우러 간 산속 생활

생태 건축 현장

돌아다니며 살던 시절에 운영하던 길거리 카페

잔액이 안전할 때라야 직접 생활이 궁상으로 느껴지지 않는다

돌아다니며 사는 생활이 피곤하고 불안해 보였겠지만 회사에 다니는 것보다는 견딜 만했다. 필요한 물건을 사지 못해 불편하게 지내거나 적당한 대체 용품을 이용하는 모습이 누군가, 특히 나의 가족에게는 마땅치 않았겠지만 나는 좋았다. 내게는 회사에 다니고 싶지 않다는 명확한 이유가 있었고 돈 대신 시간과 정성을 들여 지속되는 내 삶이 멋있다고 생각했다. 길에서 만난 사람들은 그런 내 모습에 호의를 보였다. 기적처럼 가야 할 곳, 다음 할 일, 도움을 주는 사람이 나타났다. 그렇지만 아무리 아껴 쓰고 주변 신세를 지면서 살아도 잔액은 줄어든다. 마음이 불안해지는 한계선 아래로 잔액이 내려갈라치면 이제 이런 생활을 끝내야 하나 싶어진다. 그럴 때면 내가 원해서 시작한 '직접 생활'이 구질구질하게 느껴지기 마련이다. '이거 얼마나 한다고 잘하지도 못하는 내가 직접 만들고 있나, 정말 이런 거 하나 살 돈도 없나' 싶어서 처량해진다. '갖고 싶다'라든가 '하고 싶다'라는 마음이 생기기도 전에 '(내 형편에) 그럴 수 없다', '(굳이) 그럴 필요 없다', '(해 봤자) 소용없다'로 이어지며 취향도 욕망도 점점 사라지는 지경에 이른다. 대충이지만 직접 만들고 관리하며 자기 삶을 책임지던 '직접 인간'이, 돈이 없어서 아무것도 할 게 없는 '납작한 존재'가 되어 버렸다.

때론 쓸데없는 데 돈과 시간과 에너지를 써야 한다. 그만큼은 돈이 있어야겠구나, 그 정도는 벌어야 하겠구나 싶었다. 그래야 건강하게 직접 인간으로 살 수 있었다. 하기 싫지만 억지로 하는 일 말고 돈을 조금 벌어도 할 만한 일을 찾았다. 풀타임이 아닌 카페 아르바이트 같은 일은 조금 나은 것도 같았다. 적당히 벌고 적당히 아끼면서 다시 행복한 직접 인간으로 살았다. 베이킹 소다로 천연 치약을 만들고, 헌 옷으로 매트를 만들고, 고장 난 물건을 고치고, 나무를 주워와 각종 소품을 만드는 직접 생활은 다시 좋아서 하는 '제작 활동'이 되었다.

나무를 주워 와서 가지를 꽂아 만든 옷걸이

혼자의 한계, 함께 만들기

잔액이 불안해지고 심신이 지쳐 어쩔 수 없이 회사를 다시 다녀야 했던 2015년
에 전북 완주로 귀촌했다. 도시와 다른 풍경이 4년 만의 회사 생활을 덜 슬프게
만들어 줬다. 대충대충 가구를 만들었던 것처럼 노래도 만들고 셀프 강연회도
열고 출판사도 만들고 모임도 꾸렸다. 적당히 일하고 적당히 만들고 일과 작업
과 안전한 잔액이 주는 기쁨을 누렸다. 약 6개월 정도. 역시 회사 생활은 괴로
웠다.

완주에서 얻은 일자리는 적정기술을 교육하고 보급하는 협동조합 사무직이었
다. 생활을 자립의 기술로 채우고 싶다는 관심사에 걸맞은 곳이라 다시 회사원
이 되는 데 부담이 덜했다. 실제로 회사에서 쓰다 만 재료나 어깨너머로 배운
기술이 내 직접 생활에 도움이 되었다. 얼기설기 신발장을 하나 만들어 본 뒤로
는 제법 쓸 만한 책상과 책장 같은 가구도 여럿 만들었다. 회사는 내 직접 생활
에 필요한 곳이었지만 젠더 감수성 없는 동료와 업계를 견디기는 힘들었다. 슬

슬 '회사에 다니기 싫어 죽겠는 병'도 도지고 있었다. 슬퍼지려는 찰나 동료와 함께 '젠더 차별 없는 기술 교육'을 주제로 영국 연수를 준비하면서 슬픔을 견뎠다. 혼자서는 신청하기 어려운 프로젝트였다.

혼자 하는 작업은 혼자 만족하면 된다. 나는 직접 만드는 모든 것에 관대해서 언제나 만족하는데 누군가와 같이 하는 작업은 그렇지 않았다. 의견 차이가 있을 때, 사소하게 마음이 상할 때, 내 상태가 좋지 않을 때, 기억도 나지 않는 어떤 '때'들에 늘 괴로웠다. 문제 해결에 서툴다 보니 일의 기쁨보다 고통이 크게 느껴졌다. 찜찜한 채로 영국에 갔다. 그때 보고 느낀 것들은 그 자체로 감명 깊었다. 돌아와서 '여성들을 위한 기술 교육 프로그램'을 만들고 실행하니 금세 다시 큰 만족감을 느꼈다.

여성들을 위한 기술 교육 프로그램

프로그램의 가장 첫 번째 목표는 못하는 사람이 주눅 들지 않는 교육을 진행하는 것이었다. 보통 기술 교육을 하는 작업장에서는 못하는 사람 혹은 여성 혹은 어린 사람들이 불편함을 겪곤 한다. 거기다 효율을 높이기 위해서 팀별 작업을 많이 한다. 그럴 때 참여자들은 못하는 사람을 기다려 주지 않고, 강사가 다 도와줘서 빨리 끝내고 결과물을 가져가기만을 바라게 된다. 우리는 그러지 말고 철저하게 학습자의 속도와 수준에 맞추어서 그 한 사람 한 사람만을 생각하는 교육을 하기로 했다. 그러려면 아주 작은 규모로 준비해야 했고, 강사는 모든 참여자의 수준을 파악해야 했다. 쉽지 않았지만 못을 박을 줄 몰랐던 사람에게는 드릴을 한번 만져 보는 일이 큰 경험이 된다는 걸 곱씹어 생각했다. 더 많은 기술을 원하는 사람은 더 많은 기술을, 그렇지 않은 사람은 그 단계에 맞는 자신감을 얻어 갈 수 있기를 바랐다.

이렇게 해서 교육에 참여한 페미니스트 여성들과 친구가 되었다. 누가 시키지도 않았는데 설명회를 열어 동네 사람들에게 영국에 다녀온 이야기를 하고, 자료집도 만들었다. 여성들을 위한 집수리 안내서 〈안 부르고 혼자 고침〉도 쓰기로 했다. 반면 회사는 점점 더 슬퍼졌고, 결국 그만두었다.

느슨함의 함정

친구들과 함께 하던 모임의 이름은 '완주숙녀회(완숙회)'다. 농촌 지역에서는 연령, 성별, 결혼 여부, 학력, 신체 등 모든 요소에 의한 차별이 도시보다 심한데 귀농·귀촌인조차도 전통문화 존중을 이유로 슬그머니 그 차별에 가세한다. 그래서 노인회, 청년회, 부녀회, 학부모회, 귀농·귀촌인협회에 끼지 못하거나 끼고 싶지 않은 여성들이 자연스럽게 모이게 되었고 재미로 '숙녀회'라는 이름을 붙였다. 나는 그 이름이 유쾌하게 현실을 비트는 것으로 느껴졌고 영국 연수 신청서에도 사용했다. 기존의 답답한 공동체와는 다르다. 우리는 우리가 원하고 좋아하는 방식으로 일도 모임도 만들어 나갈 테다. 우리끼리.

친구들과 비정기적으로 모여 산책, 영화 보기, 물놀이 가기 등 부담 없는 시간을 보냈다. 농촌 지역에서 젊은 여성이 느끼는 불편과 차별을 소재로 팟캐스트 〈우아할 여자 : 우리가 알아서 할게요〉를 함께 만들었다. 재미있는 모임 이름 덕분인지, 가부장제에 도전하라는 응원인지, 느슨하게 연결된 자유로운 형태에 대한 호기심인지, 완주 내외 지역에서 종종 관심을 보였고 인터뷰나 사례 발표를 요청하기도 했다. 내게 들어오는 일은 대부분 수락했다. 나는 말하고 자랑하고 글을 쓰는 일을 좋아하니까. 내가 생각하는 완숙회는 그런 내 활동의 기반이었으니까. 완숙회의 이름을 달고 혼자 하는 일은 큰 무리가 없었다. 그런데 완숙회의 이름으로 함께 하는 일은 달랐다. 완숙회에 대한 입장, 애정, 태도도 각각 다르고 때문에 차이가 많이 났지만 굳이 그 차이에 대해 대화하지는 않았다. 이 모임은 느슨하고 자연스럽게 존재하는 게 특징이니까. 과연 그런가. 나는 그런 희미함이 더 이상 매력적으로 느껴지지 않았다. '완숙회에 누구누구 있어?'라는 질문에 저요, 하고 손을 드는 사람은 몇 명이나 되었을까. 강요된 소속감이 없는 모임은 자유롭고 편안하지만 누군가 돌보지 않으면 자연스럽게 사라진다. 나는 그런 게 싫었다. 나는 완주숙녀회가 적극적으로 행동하는 전복적인 페미니스트들의 모임이기를 바랐고 외부의 호출도 그러한 의미로 받아들였지만 아마 혼자만의 생각이었던 듯하다.

공동체를 위한 좋은 노력

서로를 숨 막히게 하는 갑갑함은 싫지만 동료라면 적당한 거리를 두더라도 확실히 연결되어 있어야 했다. 그래야 그 사이에 다정하고 따뜻한 공기가 채워진다. 우리가 서로 다르지만 같은 곳을 향해 가고 있다는 걸 알아차리고, 차이로 인한 갈등은 신뢰를 기반으로 해결하려고 적극적으로 노력하는 사람. 함께 일하려면 그런 걸 좋아하고 할 법한 사람들을 찾아야 했다. 작업은 혼자 대충 만들고 필요가 충족되면 만족하던 때와 달랐다. 싫은 장면과 사람들을 보면서 힘들어도 월급으로 보상받는 회사 생활과도 달랐다. 내가 원해서 선택한 작업을 동료들과 함께 조금씩이라도 진행해 나갈 때, 일의 결과가 갑자기 훅 하고 커다란 감동으로 돌아올 때, 일련의 과정을 통해 내가 조금씩 성장하고 있다는 걸 느낄 때 만족스러웠다.

이전에는 혼자서 할 수 없는 일을 꼭 하고 싶어서 같이 할 동료를 찾았다면, 이제부터는 좋은 동료들과 함께 할 만한 일을 찾아보는 식으로 바뀌었다. 여성들을 위한 귀농·귀촌 팟캐스트 〈귀촌녀의 세계란〉은 그렇게 탄생했다. 존경하고 사랑하는 페미니스트 친구들과 피곤하고 고통스럽지만 재미있고 행복하게 작업했다. 의견 차이가 생기면 적극적으로 토론하고 너나없이 일이 잘되는 방법을 고민했다. 우리가 원하는 것이 같고 함께 노력하고 있다는 든든함이 명확했다. 덕분에 우울과 무기력에 시달리면서도 감당할 만한 책임감으로 성실히 임할 수 있었다. 귀한 성취의 경험이었다.

나와 우리가 원하는 세상

〈귀촌녀의 세계란〉을 함께 만든 친구들은 갈등과 고난을 적극적으로 해결하고 싶어 하는 '내 스타일'의 동료였고, 전부터 귀촌에 관심이 있는 당사자들이어서 더욱 '좋은 노력'을 할 수 있었다. 본인의 처지와 비슷하게 귀농·귀촌에 관심이 있지만 여성을 배제시키는 현실 때문에 어려움을 겪고 있는 여성 청취자들에게 도움이 되는 방송을 만들고 싶어 했다. 여성들을 위한 귀농·귀촌 정보가 필요한데 없으니 직접 만들었다. 신발장이 없어서 직접 만든 것처럼.

2018년 11월에 나는 또 직장인이 되었다. 역시 돈 때문이지만 꼭 그런 것만은 아니었다. 전주시사회혁신센터 성평등플랫폼이라는 내 새로운 일터는 성평등 사회를 만들기 위해 노력하는 페미니스트들을 지원하고 그들이 편안하고 즐겁게 드나들 수 있는 거점 공간을 운영한다. 아니 이건 바로, 내가 만들고 싶었던 것. 누구도 차별받지 않는 세상에서 안전하고 행복하게 살고 싶은 내 소망을 이루려면 그런 세상이 만들어져야 하는데 성평등플랫폼은 그런 일을 한다. 내가 새로 만들 필요 없이 동료들이 만들어 놓은 회사에서 나는 좋은 노력을 함께 하면 된다. 성평등 세상을 만드는 일은 거대한 과업이므로 절대 혼자 할 수 없으니까 계속해서 좋은 동료를 찾아야 한다. 물론 이런 회사라고 해서 슬픔이 없지는 않을 테니 덜 슬퍼지기 위한 노력도 적절히 해야 한다. 요즘은 직장 동료와 매주 수요일마다 만화를 그리는 '옥수수만화' 모임을 만들었다. 1시간 동안 말없이 만화만 그린다. 특정인에게 모임을 챙기는 부담감을 주지 않으려고 매주 같은 장소에서, 같은 시간에 그린다. 오고 싶은 사람은 언제나 누구든 오기만 하면 된다. 나는 꼬박꼬박 자리를 채우고 대충대충 만화를 그린다.

마지막으로 이번 기획의 주제이자, 나에게 숙제로 주어진 질문에 대답해야겠

달리고(트럭을 운전하고)

노래하고

맛있는 것을 먹고

계속해서 이렇게 즐겁게

뚜벅뚜벅 걸어서

다. '메이커는 어떤 세상을 만들어 나갈 수 있나'에 대해 나는 내가 원하는 세상은 무엇인지, 그 세상으로 가기 위해 나는 제작자로서 어떻게 할 것인지 정도를 답할 수 있겠다.

나는 차별 없고 안전한 세상에서 행복하고 재미있게 살고 싶다. 그런 세상을 만들기 위해, 내 행복과 재미를 위해 일하고 작업한다. 개인 작업, 공동 작업, 회사 일이 모두 이 목적과 연결되어 있다. 실천 방안은 나의 제작자 정신에 맞게 뭐라도 대충대충 하고 싶은 것을 한다는 것이다. 절대 혼자 할 수 없는 일이기에 사랑하고 존경하는 동료들과 함께 노력하면서 한다. 좋은 사람을 찾아서 좋은 관계가 되고, 그 관계를 지속하기 위해 노력한다. 그렇게 나는 하던 대로 노래를 하고 글을 쓰고 동료들과 행복하게 작업을 하면서 그 세상으로 나아갈 수 있지 않을까 생각한다. 내가 적확하고 정교한 기술 없이 대충 만들어도 만족하는 배짱 좋은 제작자가 된 비결은 그 세상을 향해 가야 한다는, 가고 있다는 믿음 덕분이다. '배를 만드는 기술을 가르치려면 바다를 그리워하게 해야 한다'고 하지 않던가. 바쁘고 소외된 일상을 사는 사람은 바다를 그리워할 시간이 없다. 아름다움을 느끼고 그리워할 기회를 어렸을 때부터 박탈당한 사람들이 많은 것 같다. 마음을 울리는 감각을 스스로 기를 수 있도록 '굉장히 충분한 무료한 시간'이 누구에게나 필요하다. ●

부산 해운대에서

'수리할권리',
우리가 자가 수리를 하는 이유

수리할권리 enfn2001@gmail.com
2018년에 시작된 수리 단체입니다. 수리를 통해 우리 주변의 물건들이 우리의 삶에 미치는 영향을 고민하고 있습니다.

'수리'라는 말은 '창조' 라는 말과 매우 다르게 쓰인다.

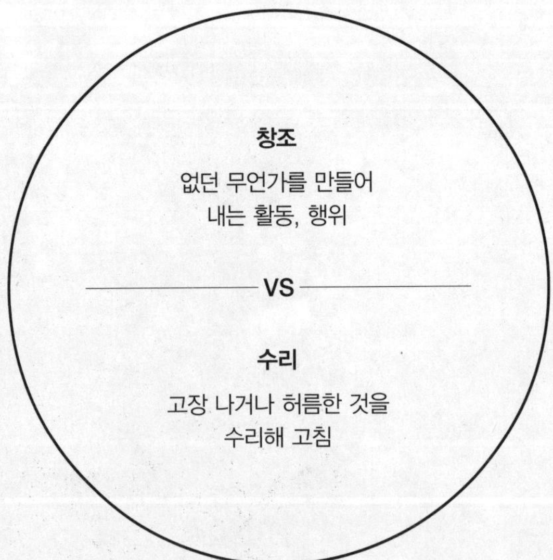

창의적인 사람, 창조적인 사람. 그런 사람이 세상을 이끄는 것이라는 관념들은 우리 교육 속에서 의식적으로, 무의적으로 '강요'된 우열을 만들었다. 이 사회는 '창의적이고 창조적인' 사람을 원하는 듯 보였지 무언가 있던 것을 고치는, 고장 난 것 혹은 허름한 것을 고치는 행위에 대해 조용히 부끄러움을 담은 시선을 던졌을 뿐 박수쳐 주지 않았다.

수리를 생각하게 된 것은, 조금씩 나이가 들어가며 내 '몸'을 의식하기 시작하면서부터이다. '노화'라는 단어가 익숙지 않았던 10대, 20대, 30대에는 내 몸도 '창조'에 더 집중하듯, 성장하고 (물론 살찌기도 하고) 더 멀리, 더 높이 뛰고, 할 수 없던 동작들을 하나하나 내 '몸 사전'에 새로 써 나갔다. 그러나 나이가 들면서 내 몸에는 '창조'보다 '수리'가 필요해졌다. 아직 건강할 나이지만 몸의 기능이 예전과 같지 않다는 것을 느낄 수 있었다. 그런 느낌이 1년, 2년 이어지면서 점차 '수리'라는 단어에 무의식적으로 끌리기 시작한 것 같다.

삶의 대부분은 쉽게 버릴 수 없다. 특히 나의 육신, 나의 능력, 나의 과거와 연결된 사람과의 관계 등은 고장 나거나 쓸모없을 때 버리고 다시 창조하는 것이 아니라, '수리'와 'upgrade'에 가까운 보완을 해야 한다. 이제는 삶의 가장 근본적이고 중요한 것들은 '창조'가 아닌 '수리'와 가깝다는 것을 받아들이는 나이가 되었다.

우리에게는 '수리하는 연습'이 필요하다.

일반적으로 생각하기에 전자 제품과 같은 복잡한 기기를 수리하는 일은 전문가의 일이다. 요즘과 같이 바쁜 시대에 수리는 시간을 낭비하는 일이고, 전문가에 맡기는 편이 안전한 선택이다. 차라리 그럴 시간에 더 생산적인 일(신자유주의 시대에 창조적이라고 간주되는 일들)을 해야 한다고들 한다.

그러나 생산성만큼이나, 혹은 그보다 더 '수리'가 중요하다. 시간 변수에 철저히 따르는 내 몸이라는 어마어마한 함수에서, 얽히고설킨 나의 감정과 세월의 인연 속의 관계, 그리고 습관과 일상이라는 내가 만든 규칙 속에 고착된 성격들. 이 모든 것을 이제는 '수리'하면서 살아가야 한다. 그러기 위해 '수리'를 연습하기로 했다.

눈에 잘 보이는 기계를 보면서 수리를 배우는 것으로 시작했다. 직접 뜯어서 문제를 직면하고 확인하고, 어떤 것이 필요한가를 냉정하게 분석하고, 나에게 없는 부품을 사고(타인의 도움을 받아 교환하고), 잘 모르는 것은 잘 아는 사람에게 물어본다. 이 역시도 자신의 '손'으로 해내는 과정이다. 인생을 수리해 가면서 살아가는 연습이자 습관이자 훈련이 될 것이니 이 얼마나 의미 있는 수업인가.

동아리 '수리할권리'를 시작하다

두루, 서희, 상호 그리고 은정. 우리 넷은 이렇게 '수리할권리'를 시작했다. 결이 서로 잘 맞는 사람들이 함께, 꾸준히 그리고 즐겁게. 돈을 벌기 위한 것이 아닌 삶을 배우고 의미를 찾고 그리고 '함께' 수리할 권리를 되찾는 여정을 함께 하기로 했다.

수리할권리 멤버들. 왼쪽부터 서희, 두루, 은정, 상호.

우리의 규칙 1, 자기 물건은 자기가 고친다

워크숍을 진행하다 보면 간혹 수리해 주는 곳으로 착각하고 찾아오시는 분들이 꽤 있다. 그런 분들은 '이걸 하는 데 얼마나 돈이 들고 얼마나 빨리 할 수 있는지'를 먼저 물어본다. 그럴 때는 우리가 이 워크숍을 하게 된 이유와 자가 수리를 원칙으로 한다는 것을 소개해 준다. 수동적으로 수리를 맡기기만 하지 않고, 스스로 수리하는 주체가 되기 위한 것이라고 말이다. 그러면 이 활동을 이해하고 손에 땀을 쥐어 가며 열심히 고친다. 처음부터 잘하는 사람이 없듯이 우리의 역할은 자가 수리를 할 수 있도록, 발걸음을 뗄 수 있도록 도와주는 것이다.

드라이어를 고치는 참가자와
수리할권리의 서희

인터넷이 발달해 사람들이 각자 수리한 경험을 온라인에 올리고 공감대를 형성하면서 수리에 필요한 정보를 찾기는 예전보다는 쉬워졌다. 그렇다면 우리는 왜 오프라인으로 사람들을 모아서 워크숍을 진행하는가. 온라인에 접근하기 어려운 사람들을 위해서 하는 것일 수도 있겠다. 또,

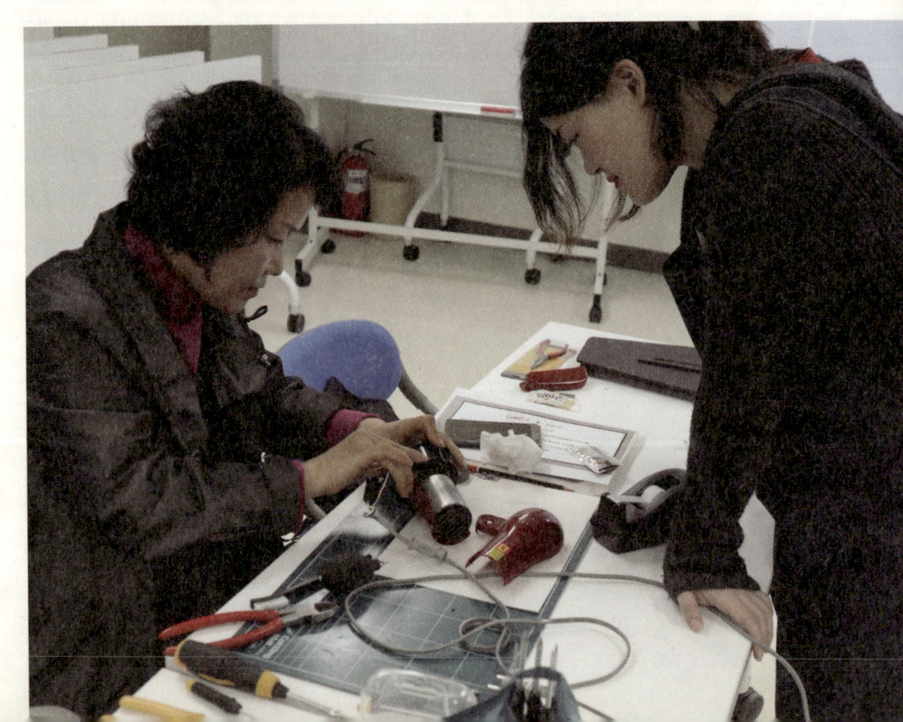

온라인으로 보면 모든 게 다 될 것 같아도 실제로 해 보면 그렇지 않기 때문이다. 무엇이든 잘하기까지는 연습이 필요하고 응원이 필요하다.

수리할권리 워크숍의 모습

수리할권리 로고로 만든 도장

우리의 규칙 2, 누가 뭐래도 느리게 고친다

우리의 로고는 나무늘보이다. 누가 뭐래도 느리게 고친다. 고치는 행위 자체를 즐기고 싶어서다. 그리고 남의 간섭을 덜 받고 싶은 것도 있다. 이 행위가 노동이면서도 대가 없이 원해서 하는 것이기 때문에 그저 고치는 사람의 마음대로 시간이 나는 대로 하고 싶어서다. 이러한 태도는 노동자에게 신속하고 정확한 서비스를 요구하는 요즘 분위기와는 안 맞을 수도 있겠다.

각자 원하는 방향이 다르겠지만 공통적으로 원하는 것은 '즐기면서 하자'이다. 아마 각자 사회생활을 하면서 바쁘기 때문에 이 활동만큼은 널널하게 하고 싶은 마음이 커서겠다. 그리고 또 하나의 목표는 언젠가는 여행하면서 고치러 다니고 싶다는 거다. 이왕 하는 것 좋은 사람들과 같이 여행도 하면 즐거운 마음으로 할 수 있을 것이다. 누군가에게 수리를 해 주는 사람보다는 수리를 하는 주체이고 싶은 마음 때문인 것 같다.

우리의 규칙 3, 과정을 즐긴다

가장 먼저, 물건에 대한 드로잉을 한다. 이것은 물건에 대한 자세한 관찰이자 실수를 덜 하도록 하기 위한 장치이다. 아이폰을 수리할 때 각 위치마다 쓰이는 나사가 다르고 나사를 쉽게 잃어버리는 바람에 옆에 그림을 그리면서 진행했다. 이러한 접근 방법 덕분에 고치는 과정에서 나만의 작품이 탄생한다. 그림을 통해 사람들이 사물을 바라보는 시각이나 성격이 드러나서 탐구하는 재미도 있다.

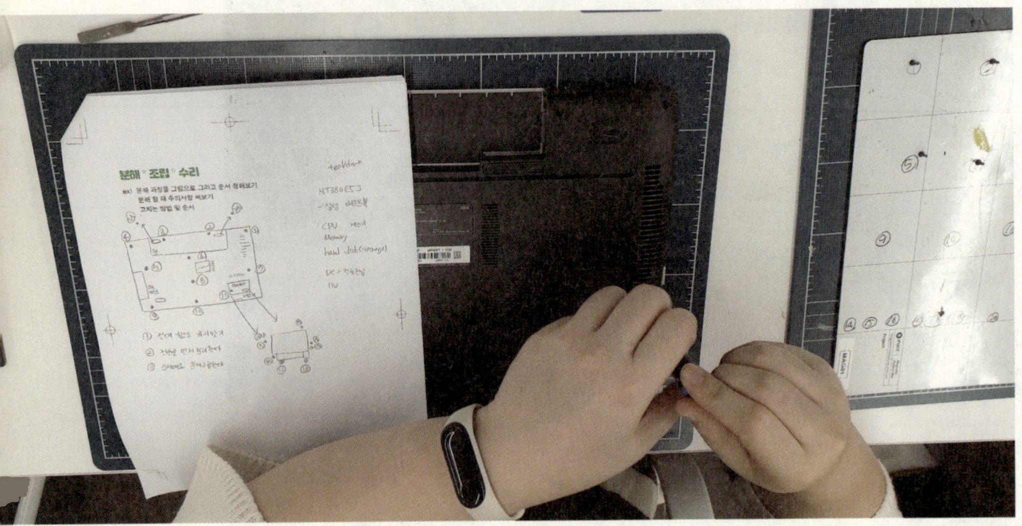

노트북을 수리하는 모습

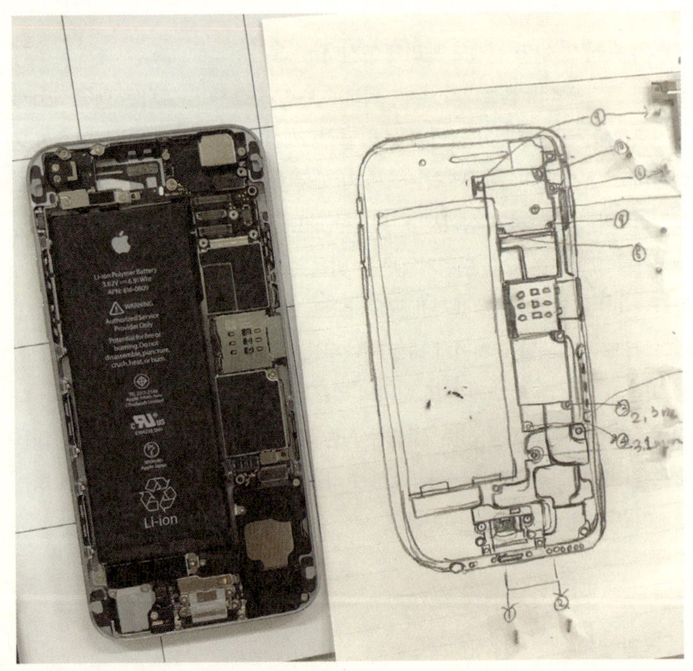

아이폰의 구조를 그림으로 그린 모습

우리의 규칙 4, 결과 지향적인 수리는 피하자

워크숍을 진행하다 보면 물건을 수리하지 못했을 때 절망에 빠지는 모습을 자주 보게 된다. 특히 고가의 제품을 고칠 때면 긴장해서 실수를 저지르기 마련이다. 그러한 사람들을 위해 우리는 나름 장치를 마련했다. 기기와 먼저 이별을 해 보는 것이다. 아직 고치지 않았지만 큰 기대감 없이 시작하면 마음이 좀 더 편해지고 실수가 줄어들 거라는 생각이 들어 이러한 장치를 마련했다.

이별 편지를 쓰고 장례식을 진행하면서 참여자들은 기기와의 추억을 되새긴다. 서로의 사연을 읽는 재미도 있다.

장례식에 쓰기 위해 만든 관

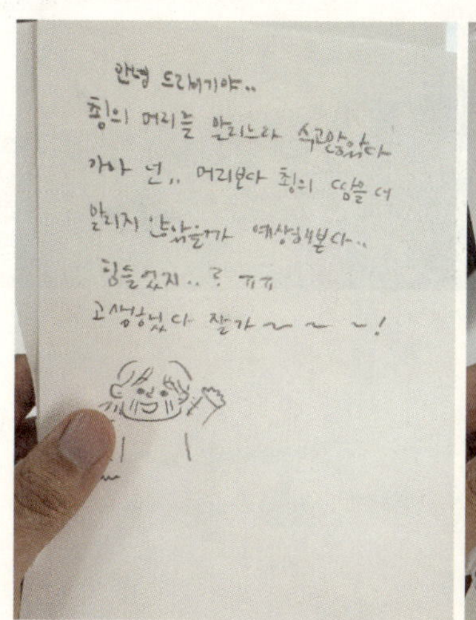
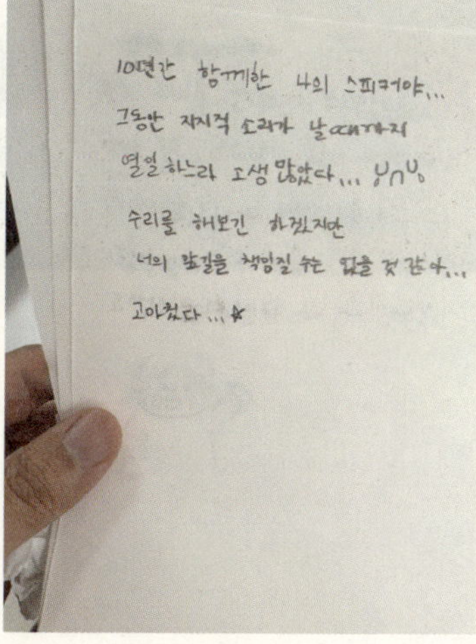

수리할 물건과의 이별 편지

이렇게 장례식과 묵념하는 시간을 갖고 나면 바로 눈앞에 기기 포기 각서가 마련되어 있다. 나의 욕심을 자제하고 감당 가능한 실패를 하겠다는 스스로의 다짐과 같다.

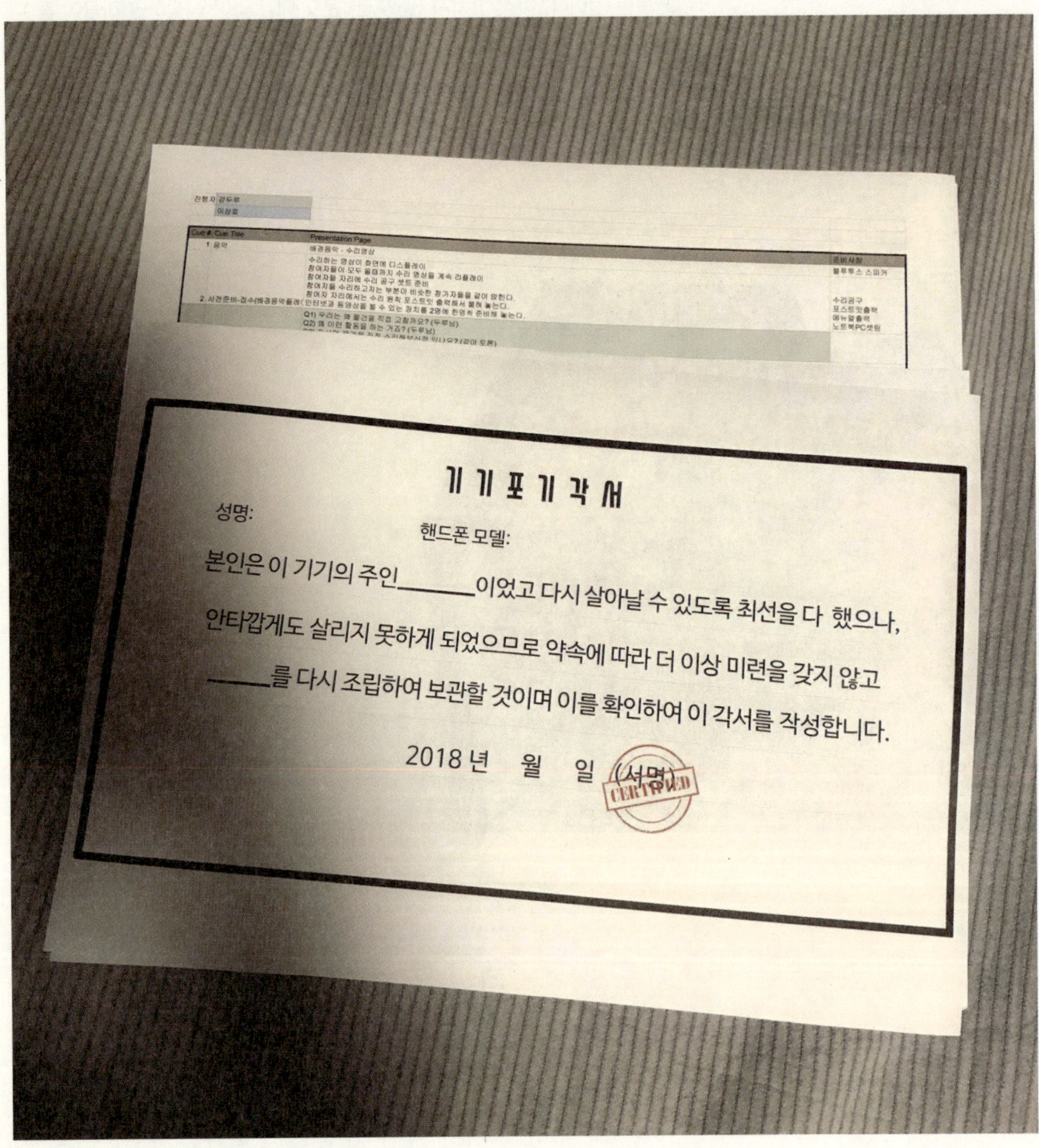

참가자들이 작성할 기기 포기 각서

우리의 규칙 5, 누구나 고칠 수 있도록 한다

수리를 어떻게 하느냐에 대해서 정의하기는 어렵다. 모든 기기마다 특징이 다르고 증상이 다르기 때문이다. 그 방법을 알려 주는 대신에 우리는 스스로 마음 속에 되새기는 원칙을 알려 주었다. 이 원칙만 지키면 수리할 수 있다는 나름 주문 같은 거다.

〈수리의 원칙〉

1. 전원은 반드시 분리한다.
2. 절대 힘으로 하지 않는다.
3. 순서에 맞게 분해, 조립한다.

수리하기 전에 이 원칙을 한번씩 되새기는데, 이러한 의식은 누구나 쉽게 할 수 있다고 안심하기 위한 것이자 큰 문제가 발생하지 않도록 미연에 방지하는 방법이다.

또 하나, 고치려고 노력한 것에 대한 기록으로 매뉴얼을 작성한다. 기기를 처음 사면 사용 설명서가 들어 있다. 기기와 친숙해지기까지는 시간이 필요하지만, 같이한 시간이 오래될수록 설명서보다 쉬운 나만의 방법이 생긴다. 기기를 뜯는 것이 처음에는 긴장되고 어렵지만 두 번째는 훨씬 쉬운 법이다. 한번 뜯어 봤을 때 잘 기록해 놓으면 나중에는 그 기억을 되새기면서 쉽게 고칠 수 있다. 애프터서비스 기간이 지나도 문제없다. 나만의 매뉴얼만 있으면 언제든 다시 꺼내서 고칠 수 있다.

아마도 우리는 수리를 통해 엄청난 경험을 할 수 있을 것이다. 우리가 느꼈던 즐거움을 더 많은 사람들이 수리를 통해서 알 수 있었으면 좋겠고, 그 과정에서 재미와 여러 가치들을 발견했으면 한다. 수리할권리는 수리의 재미와 성취, 그리고 감당 가능한 실패를 원하는 모험가들의 여정이다.

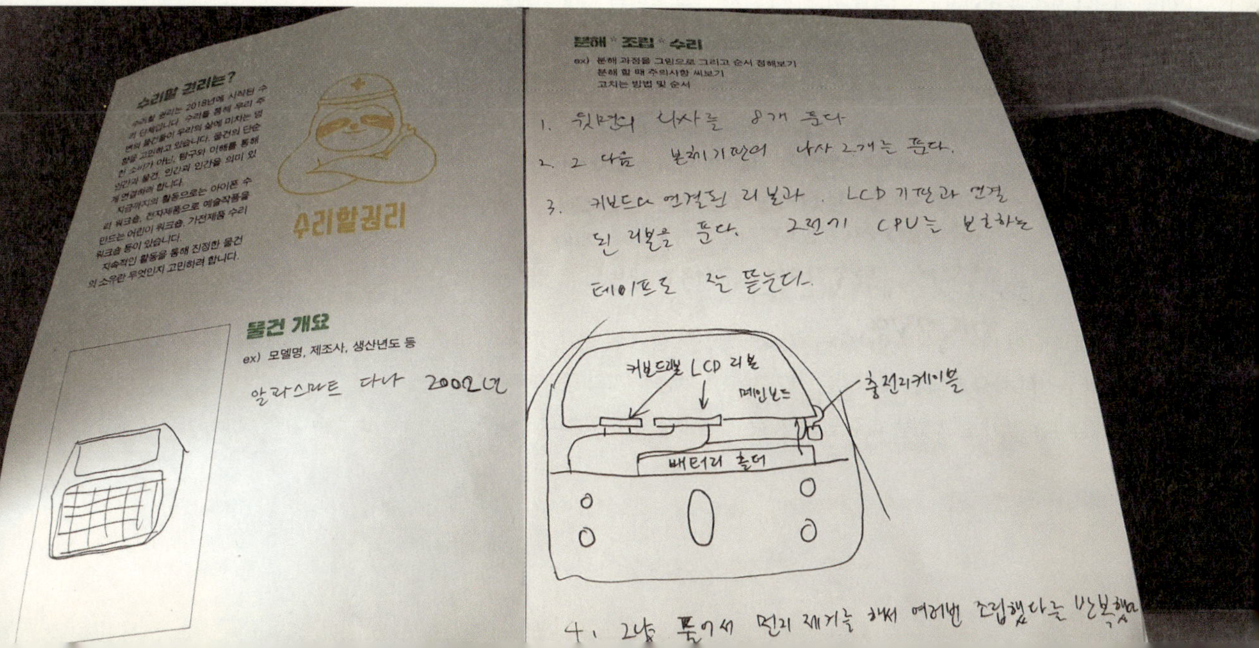

기술의 공동체로서 마을

김성원 coffeetalk@naver.com
본지 기획위원. Play AT-생활기술과 놀이멋짓 연구소장, 크리킨디센터 미장공방 스승, (사)한국흙건축연구회 기술이사, 옥상공유지 '열린옥상' 감사. 《이웃과 함께 짓는 흙부대 집》, 《점화 본능을 일깨우는 화덕의 귀환》, 《화목난로의 시대》, 《근질거리는 나의 손》, 《시골, 돈보다 기술》, 《마을이 함께 만드는 모험놀이터》 저자. 《자전거로 충분하다》, 《2019 한국의 논점》, 《사물에 수작부리기》, 《기술비평들》 공동 저자. 기술과 제작, 예술과 놀이, 그리고 자신이 사는 공간에 대해 호기심 많은 개인 연구자 겸 활동가.

저는 풍경이란 단어를 좋아합니다. 10년 동안 남도의 낯선 곳에서 귀촌 생활을 풍요롭게 견딜 수 있었던 까닭은 그곳의 풍경 때문이었습니다. 경기도 파주로 올라와서 이 낯선 곳에 다시 애정을 느끼며 살 수 있는 이유도 풍경 때문입니다. 풍경은 구체적 대상을 세세하게 보여 주지는 않지만 전체적으로 어우러진 모습들을 펼칩니다. 사람은 자연이 펼치는 풍경 외에도 다양한 풍경 속에 살고 있습니다. 오늘 저는 우리가 살고 있는 이 사회의 '기술의 풍경'에 대해 이야기하려 합니다.

사람은 다양한 기술이 만드는 풍경 속에 살고 있습니다. 기술의 풍경은 과거 그 어느 때보다 우리의 문화에 큰 영향을 끼칩니다. 4차 산업 혁명의 시대라 해도 현대인들은 하이테크만을 사용하지 않습니다. 가만히 살펴보면 현재 우리가 사용하는 도구들은 수십, 수백, 수천 년의 오래된 기원을 가진 것부터 최신의 기술까지 다양합니다. '기술의 시간적 스펙트럼'이 펼치는 풍경 속에서 여러 시대적 기원을 가진 기술들을 다채롭게 사용할 수 있을 때 우리의 삶은 더욱 풍요로워집니다.

제작과 생산이 사라진 공간

오늘 여러분과 함께 나누고 싶은 이야기는 '기술의 공간적 풍경'에 관한 것입니다. 기술의 공간적 풍경에 대한 제 생각은 제가 보고 느끼는 거리의 풍경과 무관하지 않습니다. 제가 살고 있는 파주 법흥리에는 대형 아울렛이 있습니다. 이곳은 일찍부터 유럽의 회랑이 있는 상가 거리를 모방해서 조성했습니다. 온라인 유통의 영향으로 대형 매장들이 적자로 돌아서고, 소비자들은 창고형 매장에 식상해졌습니다. 이 아울렛은 개방된 상가를 산책하듯 걸으며 쇼핑하고 싶어 하는 소비자들의 잠재적 욕구를 충족시키기 위해 설계되었습니다. 아울렛을 사람들이 찾아가고 싶은 장소로 만드는 명소화 전략을 리모델링에 반영했습니다. 아울렛의 식당가를 멋진 홀 형태의 연회장처럼 리모델링했습니다. 그 때문인지 주말이면 갈 곳을 찾지 못한 도시민들로 북적거립니다. 아무래도 집 가까이 있어 저도 이곳을 자주 갑니다. 한두 번 오면 혹할 정도로 멋지게 조성된 곳이지만, 늘 저는 어떤 헛헛함을 느낍니다. 이 헛헛함의 이유는 무엇일까 생각해 봅니다.

몇 년 전 당진문화원에서 일하시던 백숙현 선생께서 1963년 합덕면 사진들을 모은 앨범을 보여 주셨습니다. 앨범을 보면서 아울렛에서 느꼈던 헛헛함의 이유를 어렴풋하게 알아차렸습니다. 1960년대 주변 평야의 농업이 발달하면서 합덕은 인근 중심지로 발전했습니다. 경제적 활력이 넘치던 곳이라 면민들은 추렴을 해서 면 앨범을 만들 수 있었답니다. 앨범에는 당시 합덕면의 학교 교장들, 파출소장, 병원 원장, 면장, 지역 유지 등 주요한 인물들과 거리의 풍경이 담겨 있습니다. 당시 합덕면에는 농업 수로의 시설과 장비를 정비하는 철공소며 각종 농기구 수리소, 대장간이 번창하고 있었습니다. 기름집, 솜틀집, 방앗간, 잡화 가게, 구둣방, 양장점, 자전거포, 약방, 병원, 학교, 파출소, 이발소, 미장원, 목공방, 식당, 식료품 가게 등 적지 않은 상점과 가게들이 있었습니다. 합덕 지역 인근의 주민들이 일상의 삶을 살아가는 데 필수적인 생필품을 공급하고 농사에 필요한 기물과 도구를 제작하거나 수리하는 제작소들이 여러 곳이었다 합니다. 비록 지금의 대형 유통 매장에 비교할 수 없겠지만 1963년 합덕면의 거리는 사람들이 북적거렸고, 시장이나 중앙통 뒷골목은 대개 제작의 현장이었습니다.

제가 어렸을 적 살았던 서울 양천구(당시는 영등포구) 신정동은 서울의 변두리였는데 1980년대 초반까지도 1963년 합덕면과 엇비슷한 모습이었습니다. 마을엔 각종 가게들이 있었고, 가게는 동시에 살림집이자 작은 작업장이었습니다. 동네 초입의 재래시장은 활기가 넘쳤습니다. 마을 곳곳엔 허름한 공방이나 가내 수공을 하는 작은 공장들이 상가나 집들과 섞여 있었습니다. 저는 종종 그곳에서 다양한 물건들을 만드는 작업과 작업장 시설들을 신기하게 구경하며 자랐습니다. 그때는 마을에서 생산이 이뤄지고 제작의 풍경이 남아 있었습니다.

반면 회랑 있는 상가나 아케이드를 흉내 낸 아울렛엔 사람들이 살지 않습니다. 제조와 생산도 이곳에서는 일어나지 않습니다. 단지 판매만 있습니다. 폐장 시간이 지나면 이곳은 아무도 살지 않는 텅 빈 거대한 장소로 변합니다. 아울렛엔 상인들의 생활상이 없습니다. 과거 마을 골목이나 농촌의 거리에서 맺었던 인간적 관계는 기대할 수 없습니다. 판매자와 소비자의 관계만 남아 있습니다. 바로 이 점이 인위적으로 거리를 조성한 아울렛에서 느낀 헛헛함의 정체였습니다.

1963년 합덕면 앨범에 기록된 거리의 풍경, 1970~1980년대 서울 변두리 신정동에 대한 기억, 2019년 아케이드형 아울렛을 견주면서 '기술의 공간적 풍경', '기술의 공간적 스펙트럼'에 대해 생각해 봅니다. 기술은 기술의 주체에 따라 '개인의 기술', '지역의 기술', '국가의 기술'로 나누어 볼 수 있습니다.

'개인의 기술'은 생존과 일상적 필요를 충족시키기 위해 필요한 기술입니다. 바느질, 음식의 가공과 저장 기술, 간단한 집기나 농기구 제작이나 수리, 민가의 건축이나 수리 등이 대표적입니다. '개인의 기술'은 공간적으로 가내의 기술이자 마당에서 구현되는 기술이었습니다.

자급자족을 기본으로 하는 전통 농가라도 개인이 모든 것을 직접 만들어 쓸 수는 없습니다. 남보다 좀 더 손재주가 좋은 사람들이 있습니다. 이런 사람들이 오랜동안 한 분야에 종사하면서 나름의 전문성과 실력을 쌓습니다. 이들이 만든 물건은 대개 더 견고하고 품질이 좋습니다. 이런 이유로 주민 사이에 교류가 잦은 일정한 공간적 범위 내에서 기술과 재주의 분담이 일어나고, 상호 의존과 협력이 발생합니다.

저는 10여 년 동안 전남 장흥의 농촌에서 살았습니다. 지금 생각해 보니 농촌은 먹거리의 공동체 그 이상이었습니다. 농촌 지역 사회는 '기술의 공동체'였습니다. 농촌은 비록 인구는 적지만 인구 대비 삶에 필요한 각종 기술을 가진 사람들이 많습니다. 농촌에는 용접은 기본이고 한두 가지 무엇인가 삶에 필요한 기물을 만들 수 있는 사람들이 적지 않습니다. 어설프지만 집을 직접 짓는 사람들도 특별하지 않습니다. 서로가 각자의 삶과 일을 위해 종종 협력과 협동을 필요로 합니다. 서로의 필요를 채워 주는 상호 의존적 관계 때문에 지역 주민들은 적절한 관계를 유지할 수밖에 없습니다. 이 가운데 '지역의 기술'이 등장합니다.

산업화 이전의 농촌은 그 지역에서 필요로 하는 도구와 기물을 대개 그 지역의 장인과 기술자들이 만들었습니다. 루이스 멈포드에 의하면 서양에서 16~17세기는 '나무 기계의 시대'였다고 합니다. 대다수 도구와 기물을 나무로 만들어서 사용했습니다. 지역 곳곳에 창의력 넘치는 나무 기계 엔지니어들이 있었고, 그 시대의 풍부한 기술적 축적이 산업화의 기반이 되었습니다. 나무라는 재료는 어느 지역이나 대개는 쉽게 구할 수 있는 자원이었습니다. '지역의 기술local tech'은 그 지역에서 구할 수 있는 자원, 환경적 조건, 그 지역의 문화적 배경이라는 제약 속에서 발전하는 기술입니다. 이 때문에 지역의 기술은 풍토성, 토착성을 갖습니다. 담양의 대바구니, 강원도 귀틀집, 제주도 돌담은 그 지역의 풍토와 자원의 제약을 반영한 기술입니다. 지역의 제한된 자원을 재료로 사용할 때는 지역 자원의 고갈과 환경의 파괴에 민감할 수밖에 없습니다. 일본 막부 시대는 영지의 숲마다 금지 기간을 두어 벌목을 제한했습니다. 기술의 주체가 지역일 경우 기술이 만들어 낸 결과나 영향에 대해 더 체감하게 되고 책임감을 갖게 됩니다. 아쉽게 이제 지역에서 자급을 위한 기술적 협력이나 풍토성을 갖는 기술이란 농촌에서도 점점 옛날이야기가 되어 가고 있습니다.

'국가의 기술'은 개인과 지역 차원을 넘어서는 사회적 필요나 권력의 필요를 채우기 위한 기술이었습니다. 하지만 전통 사회에서 서민들의 삶에 국가의 기술이 차지하는 비중은 그리 크지 않았습니다. 과거 전통 사회에서 개인, 지역의 기술이 중요했고, 국가 차원의 기술이 대다수의 삶을 압도하지 않았습니다. '개인의 기술', '지역의 기술'은 이반 일리치가 말한 '정주의 기술'이라 할 수 있습니다. 그는 정주에 대해 이렇게 말합니다. "인간은 동물 중 유일하게 기술자며, 정주 기술은 삶을 사는 기술의 한 부분입니다." "정주한다는 것은 자기 자신의 흔적 속에 깃들여 산다는 뜻이었고, 그날그날 살아가며 자신의 일대기를 한 올 한 올 풍경 속에 적어 넣는다는 뜻이었습니다."❶ 이처럼 '개인의 기술'과 '지역의 기술'은 산업 경제를 위한 기술이 아니라 '삶의 기술'에 속하는 것이었습니다.

지역의 기술은 공동체의 중요한 부분

아쉽게도 '개인'과 '지역공동체'가 보여 주었던 기술의 공간적 풍경은 현대 산업 사회에서는 거의 소멸되어 버렸습니다. 국가를 넘어선 거대 글로벌 기업의 기술이 우리의 삶을 압도하고 있습니다. 거대 기업의 기술은 곧 국가의 기술이 되어 버렸습니다. 기업들이 압도하는 기술의 풍경 속에서는 풍요로운 기술의 시간적 모습을 찾을 수 없습니다. 글로벌 경쟁력을 갖춘 최첨단 기술만이 찬양을 받습니다. 기술의 공간적 풍경이 사라진 것은 도시의 인구 밀도가 높아진 결과 지가의 상승 때문이기도 하고, 도시 계획의 영향이기도 합니다. 도시는 상업 지구, 업무 지구, 주택가, 공단 등 기능적으로 분할되었습니다. 이제 주택가는 과거의 마을이나 농촌 지역과 달리 말 그대로 베드타운이 되어 가고 있습니다. 삶의 필요를 충족시키던 개인의 기술이나 지역공동체의 생산이 차지할 자리는 이제 마을이나 아파트 단지에 없습니다. 지역에서 일상을 살아가는 데 필요했던 기술적 협력은 기업이 제공하는 상품과 서비스의 소비로 대체되었습니다. 이제 개인과 지역의 주민은 기술의 주체가 아니라 단지 소비자로 변했습니다.

최근 '마을 만들기'와 '공동체 회복'이 사회적 화두입니다. 하지만 제 눈에는 사회 곳곳에서 전개되는 그간의 다양한 노력들이 실패하고 있는 것처럼 보입니다. 그 이유가 무엇일까요? 한국 사회가 지나치게 바쁘고, 경쟁적이고, 삶의 여유가 없기 때문이라 말합니다. 사람들이 기본적인 생존에 몰두할 수밖에 없기 때문이라 합니다. 기본소득이 제도화되면 공동체의 협력이 활성화될 것이라 말합니다. 이 말은 기본적 생계 그 이상의 여유가 있어야 가능한 공동체의 협력을 전제합니다. 하지만 전통 사회에서 공동체의 협력은 생계나 생존 그 자체를 위한 협력이었습니다. 생활의 필수품을 지역민의 기술과 생산 활동에 의존하기 때문에 발생하는 피치 못하는 협력이었습니다. 생계가 넉넉해지면 그 이후에나 가능한 협력이 아니라 생존과 생계, 일상 그 자체를 위한 협력이었다고 볼 수 있습니다.

다시 이반 일리치의 말에 귀 기울여 보렵니다. "사람이 사는 땅은 문지방 양쪽

❶ 이반 일리치, 권루시안 옮김(2013), 《과거의 거울에 비추어》, 느린걸음.

모두에 있습니다. 문지방은 정주하며 만들어지는 공간의 회전축과 같습니다. 이쪽에는 가정이 있고, 그 반대에는 공용commons이 있는 것입니다. 공용은 공동체에게 지낼 곳이 되어 줍니다. 공용이 없는 정주는 있을 수 없습니다." 이반 일리치가 말하는 공용은 "환경 중 제한이 설정된 부분, 공동체가 생존하기 위해 필요한 부분, 여러 집단이 다양한 방식으로 살아가는 데 필요한 부분"입니다. 저는 이 글을 읽으며 현재 산업 도시 속에서 마을 만들기와 공동체 회복이 쉽지 않은 이유가 '공동체가 생존하기 위해 필요한 부분', 즉 공용의 소멸 때문이라 생각하게 되었습니다. 공용은 공유지와 같은 공간일 수 있고, 지역민이 함께 이용하고, 관장하는 자원과 환경일 수도 있습니다. 지역의 토착 기술이나 상호 의존적 기술도 저는 '공동체가 생존하기 위해 필요한 부분', 즉 공용의 중요한 부분이라 생각합니다. 그러나 우리는 너무 멀리 와 버렸습니다. 모든 것이 사유화된 자본주의 사회에서 정주를 가능하게 하는 지역공동체의 공용이 대부분 사라졌기 때문입니다.

지역의 기술과 제작 문화를 회복하려는 노력

만약 우리가 지역의 자원과 환경의 제약을 의식하며 조화하는 생태 문화를 만들고, 상호 협력하는 공동체를 만들고자 한다면 기업과 산업적 생산이 압도한 기술적 풍경 속에서 다시 개인과 지역의 기술과 제작 문화를 회복해야 합니다. 지금에 와서 개인과 지역의 기술과 제작 활동을 부활시킬 수 있을까요? 지역의 필요를 지역 주민이 채울 수 있는 생산과 제작을 재구축할 수 있을까요? 다소 시대에 뒤떨어진 복고적 이상처럼 들릴 수도 있을 것 같습니다. 하지만 세계 곳곳에서 개인의 제작 문화, 지역의 제작 거점을 만들려는 노력과 도전이 벌어지고 있습니다.

첫 번째 여러분들에게 소개할 사례는 영국 런던의 어셈블 스튜디오Assemble Studio가 만든 블랙 호스 워크숍Black horse Workshop입니다. 이곳은 공예 유산이 풍부한 런던 북동부 월섬스토Walthamstow 지역에 새로 만들어진 공공장소로 일종의 제작 공방입니다. 지역의 개인, 자영업자, 소상공인 등 모든 주민들이 작업장과 도구를 이용할 수 있고, 그곳에 상주하는 기술자, 건축가, 예술가들로부터 현장의 조언을 얻거나 전문적인 기술적 도움을 저렴하게 이용할 수 있습니다. 이곳은 제작 문화와 다양한 기술을 전파하는 것을 목표로 합니다. 이곳에서는 정기적인 수업과 제작 프로그램이 개최됩니다. 대여 공간도 있고, 매월 식료품을 거래하고 지역의 제작자들이 모이는 장터도 열립니다. 이곳 외에도 세계의 적지 않은 제작자 공방maker space들이 지역의 필요와 문제를 해결하는 생산 기반이 되고 지역의 제작 문화를 전파하려고 노력합니다. 또한 제작과 수리, 교육과 훈련을 통해 공동체를 강화하는 거점으로 이용되고 있습니다.

두 번째로 소개할 곳은 유럽에서 시도되고 있는 R-Urban 프로젝트입니다. 도시 농장인 아그로씨떼Agrocite와 함께 추진되는 리싸이랩RecyLab과 에콥햅 EccoopHab, 에니마랩AnymaLab, 와우WOW가 R-Urban 프로젝트에 속합니다.

R-Urban 프로젝트는 농촌과 같은 순환적이고 생태적인 도시를 구현하고자 하며 유럽 전역에서 전개되고 있는 프로젝트입니다. 아그로씨떼는 파리 인근의 콜롬보Colombes 지역의 공동체 실험 농장이라 할 수 있습니다. 리싸이랩은 지역에서 발생하는 폐기물을 수집하여 분류하고 재활용하기 위해 다듬는 일련의 작업을 위한 공간입니다. 에콥햅은 리싸이랩에서 모은 재활용 자재를 활용해서 지은, 지역의 연구원들과 학생들이 사는 기숙사와 공동체 시설 7곳을 포함한 실험 주택 단지입니다. 농장 한구석의 애니마랩은 도시에서 가축과 꿀벌을 키우는 도시 축사이자 양봉장입니다. 이곳에서 생산한 계란과 꿀은 지역에서 판매합니다. 와우는 런던 해크니 윅Hackney Wick 지역의 자전거 공방입니다. 이곳에서는 현지의 버려진 자전거와 재료, 자원, 지식을 활용해서 지역민들과 공동으로 재활용 자전거를 만듭니다. 이 외에도 아크로씨떼와 주변의 작업장들에서는 지역의 삶과 필요를 충족시키는 데 필요한 다양한 제작 활동과 적정기술, 생활기술, 건축 기술 교육이 계속되고 있습니다.

블랙 호스 워크숍이나 R-Urban과 같은 다양한 노력들이 우리가 사는 지역에서도 시도될 수 있기를 기대합니다. 그러한 시도가 얼마만큼 우리가 사는 마을에서 기술의 풍경을 바꿀 수 있을지는 쉽게 예측할 수 없습니다. 이미 너무 와버린 듯한 현대 산업 도시에는 미미한 영향도 끼치지 못할 수도 있습니다. 하지만 만약 우리가 진정으로 지속 가능한 생태 문명을 지향하고, 지역의 마을공동체를 회복하고자 한다면 우리가 살고 있는 마을에서 '기술의 풍경'을 새롭게 조성하려는 노력을 하지 않을 수 없습니다. 마을이 공동체가 되기 위해서는 공용이 필요하고, '개인과 지역의 기술'은 공동체가 가능하게 하는 공용의 중요한 부분이기 때문입니다.

삶을 지향하는 기술

'개인과 지역의 기술'은 글로벌화된 산업 사회에는 걸맞지 않아 보입니다. 전통 사회에서 개인의 수공예 제작이나 지역의 생산은 대개는 재료의 준비에서부터 완성품의 마감까지를 한 사람 또는 한 집단이 담당했습니다. 과거 지역에서 기술적 분업이 없었던 것은 아니었지만 아무래도 현대 산업 사회의 글로벌 분업 기술이나 상품 경쟁력에는 견줄 수 없습니다. 대개 현대 산업 기술에 비하면 양산에도 적합지 않고, 생산 효율도 떨어지고 소위 가성비도 낮습니다. 인공 지능과 자동화 생산 시설이나 생산 로봇이 제작과 생산을 담당하게 된다면 인간의 기술과 제작이 필요 없어질지 모릅니다.

하지만 효율성이나 경제성이라는 잣대로만 기술을 평가할 수 없습니다. 저는 기술을 평가하는 다른 잣대, 다른 기준이 필요하다고 생각합니다. 인간적 삶, 공동체로서 사회, 자연과 인간의 공존과 생명력을 잃지 않는 자연의 순환을 유지하려면 어떤 기술이 필요할지, 어떻게 생산해야 할지, 어떤 재료를 가지고 어떤 방식으로 제작할지에 대해 질문하고 선택해야 합니다. 어떤 기술이 우리의 삶과 사회를 더 건강하게 할 수 있을까 질문한다면 다른 대답이 나올 수 있습니다. 산업 혁명 이후 인간의 기술은 급속히 발달했습니다. 산업적으로 다양한 제품들이 양산되면서 지난 200년 동안 풍요를 누릴 수 있었습니다. 이른바 소비의 민주주의가 일어났습니다. 하지만 최근 현대 산업 기술에 의해 미세먼지, 폐플라스틱, 기후 변화 등 많은 문제가 일어났습니다. 사람들은 불안해하고, 불행과 소외감을 느끼는 사람들이 늘어났습니다. 그렇다면 지금까지와 다른 방식, 다른 기술, 다른 생산 방식, 다른 물건들과 그런 것들에 의존한 삶과 공동체에 대해 생각해 보는 것이 균형을 잡는 데 중요하지 않을까요. 최근 팔 것도 아니면서 수공예나 제작 활동에 몰두하는 사람들이 늘어나는 이유는 무엇일까요? 곳곳에서 생겨나고 있는 메이커 스페이스의 메이커들도 대부분은 제작 활동을 통해 돈을 벌지 못합니다. 북미의 메이커 스페이스에 대한 통계를 보니 판매를 위해 제작하는 경우는 20%도 안 됩니다. 80% 이상은 개인적 취미나 필요, 또는 이웃에게 선물하기 위해 물건을 만듭니다. 인간은 제작하는 존재입니다. 무엇인가를 만들 때 인간은 행복해지고 인간다운 삶을 살 수 있기 때문입니다. 많은 사람들이 꼭 경제적인 이유가 아니더라도 다양한 제작 활동을 하는 이유이기도 합니다. 저는 지금 '삶의 기술'로서 '개인과 지역의 기술, 제작, 생산'을 복원하고 그러한 기술에 의존한 마을의 공동체를 재조직하길 희망합니다. 일상에 필요한 사물을 만드는 소소한 기술을 끊임없이 탐구하는 제 나름의 이유입니다.

선언문을 통해 보는
메이커 운동

이은수 eunsoo@krkd.eco
홍콩에서 문화연구를 공부했고 현재는 크리킨디센터 전환교육연구소에서 일하고 있다.
도시 공간과 건축의 역사와 디지털 인문학에 관심이 많다.

가장 유명한 오픈 소스, 콜라보레이티브 프로젝트인 위키피디아에 따르면 선언문이란 발행자의 의도, 동기, 의견 등을 담고 있는 공개적 선언이다. 다른 발표문과 어떻게 다른가 하면, 선언문은 어떤 사회적 합의에 대한 동의를 표현하거나, 반대로 그것에 대한 재고나 개혁을 요구하는 내용을 담고 있다. 쉽게 말해 발행자의 스탠스stance를 표명하는 도구이다. 역사적으로는 국가나 민족의 독립 선언이나 정당의 강령 등이 대표적이지만 앞으로 나올 사례들을 살펴보면 사실 선언문이란 (특히 인터넷이라는 공론장이 생긴 이래) 누구나 언제 어디서든 발행할 수 있는 문서임을 알 수 있다. 나의 세계관worldview을 온 세상에 공개하면서 말을 거는 일종의 소통의 도구인 것이다. 선언문이 가진 공공성publicness은 상대적으로 목소리가 작은 소수의 집단에게 발언권으로서 작용하기도 한다.

사실 메인스트림은 선언이 굳이 필요하지 않다. 다수가 알거나 동의하는 것에 대해 스탠스를 밝힐 이유가 굳이 없지 않나. 그래서 현대의 선언문 문화는 각 분야의 마이너들의 잔치 같아 보이기도 한다. 앞으로 살펴볼 선언문들은 이런 하위문화subculture적 성격을 띠고 있고 그에 따른 분석도 충분히 가능해 보인다.

메이커 운동 선언 The Maker Movement Manifesto(2013)❶

MAKE – 만들라

만드는 일은 인간의, 우리의 본성이다. 그렇기에 우리는 만들고
창조하고 표현함으로써 충족감을 느낄 수 있다. 물건을 만드는
일은 우리에게 굉장히 특별한 일이기에, 우리가 만드는 물건은
우리의 일부가 되고 영혼의 조각을 담는 그릇이 되기도 한다.

SHARE – 나누라

만든 물건, 만드는 과정의 경험과 지식을 나누는 일이야말로
메이커에게 온전한 충족감을 선사하는 일이다. 만들기만 하고
나누지 않을 수는 없다.

LEARN – 배우라

만들려면 배워야 한다. 만들기에 대해 끊임없이 배워야 한다.
만드는 즐거움을 아는 사람이라면 솜씨가 서툴든 뛰어나든,
늘 배울 것이고 배우고 싶을 것이며, 새로운 기술과 재료,
프로세스를 배우려고 애쓸 것이다. 평생 학습의 길을 터놓으면,
풍부하고 보람찬 만들기 인생을 영위할 수 있고 나아가 다른
사람과 나눌 수 있다.

만들기 정신에 입각해, 나는 여러분이 이 선언문을 읽고 수정해서
자기 것으로 만들기를 바란다. 그것이 바로 만들기의 핵심이기
때문이다.

이 선언문은 메이커 스페이스로 유명한 테크샵의 (전)CEO 마크 해치가 쓴
책 《메이커 운동 선언》에서 발췌했다. 선언문의 주제들 : 만들라Make, 나누라
Share, 주라Give, 배우라Learn, 도구를 갖추라Tool up, 가지고 놀라Play, 참여하라
Participate, 후원하라Support, 변화하라Change 이 단어들이 메이커 운동의 핵심
가치를 이룬다고 해석할 수 있겠다.

❶ 마크 해치, 정향 옮김(2014), 《메이커
운동 선언》, 한빛미디어.

메이커 권리장전Maker's Bill of Rights(Owner's Manifesto)(2006)❷

케이스는 잘 열려야 한다.

배터리는 교체될 수 있어야 한다.

특수 장비는 합당한 이유가 있을 시에만 허용된다.

비싼 특수 장비를 팔아서 이익을 내는 건 나쁘다.

특수 장비를 제공하지 않는 건 더 나쁘다.

Torx 볼트는 괜찮다. 조작방지tamperproof는 안 괜찮다.

퓨즈나 필터 같은 소모품은 획득하기 쉬워야 한다.

USB 전원은 좋다. 전매 전원 어댑터는 나쁘다.

수리의 용이함은 디자인의 지향점이지 뒤늦은 깨달음이면 안 된다.

메이커가 메이커에게 요구하는 디자이너/제작자로서의 책임 의식이 보이는 메이커 권리장전은 《메이크:》 매거진의 주요 기고자이기도 한 미스터 잴로피가 쓴 선언문이다. 《메이크:》 구독자들에게 잡지와 함께 복사본이 전달된 적이 있다. 위와 같이 수리와 수정할 권리에 해당하는 부분도 있는가 하면 제작 과정의 투명성과 '공유의 정신'이 담긴, "도식은 포함되어야 한다Schematics shall be included", "회로는 주석이 달려야 한다Circuit boards shall be commented" 같은 문구도 보인다. 어떤 물건이나 제품을 정확히 파악하기 위해서는 그것의 물질성materiality에 해당하는 하드웨어를 파악하는 것도 있지만 도식과 주석과 같은 정보 또한 중요하며 이 지식을 전파하는 것knowledge transfer이 메이커들에게 중요한 과제임을 알 수 있다.

❷ makezine.com/2006/11/26/owners-manifesto/
일러스트 출처 : www.flickr.com/photos/jprovost/3720246731/in/photostream/

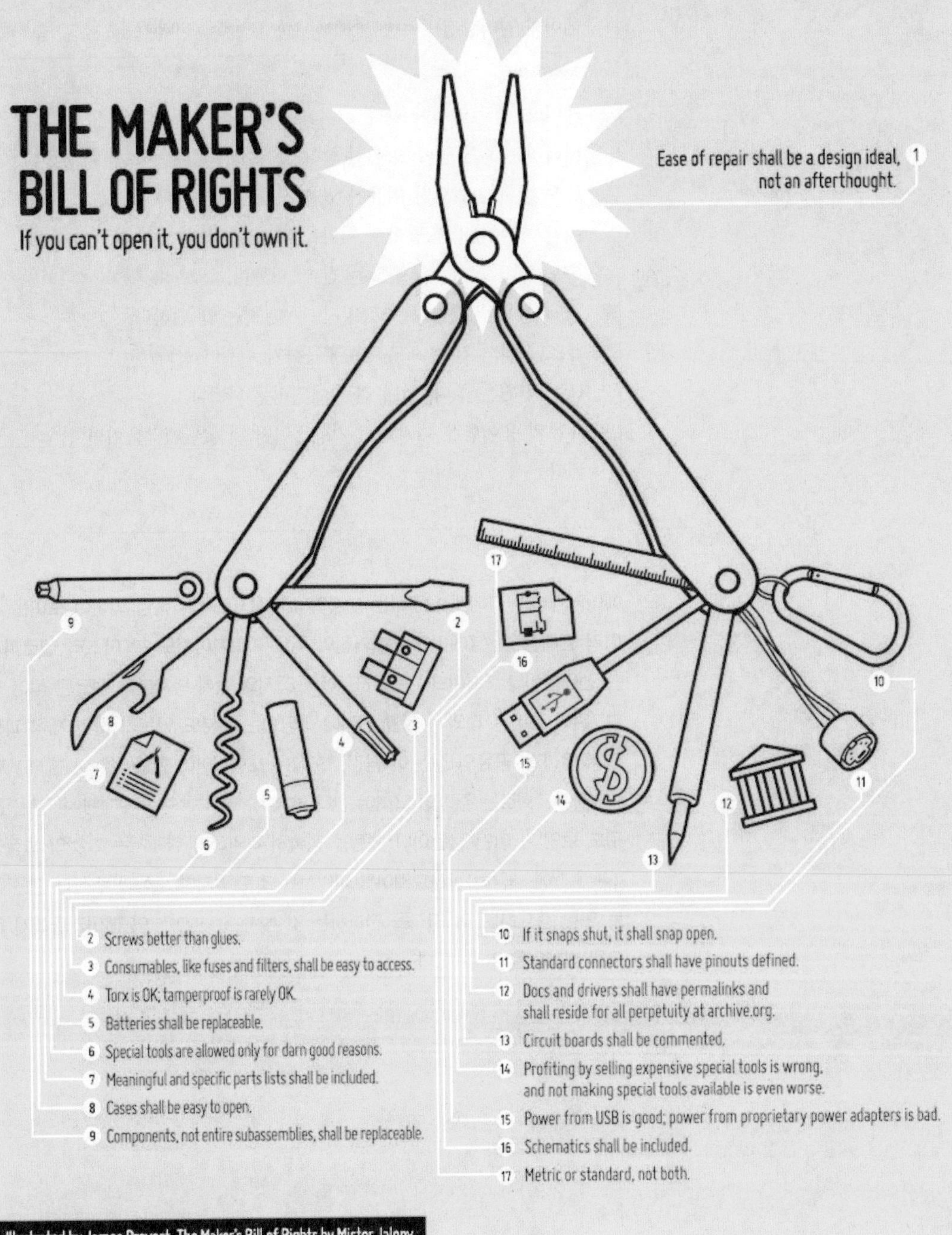

메이커 권리장전의 일러스트 버전

자가 수리 선언문 iFixit Repair Manifesto❸

우리는 다음을 명백한 사실이라고 생각한다.
기기를 수리할 수 없다면, 소유한 것이 아니다.

수리는 재활용보다 낫다. 원재료를 채굴하는 것보다 가지고 있는 기기의 생명을 연장시키는 것이 더 효율적이고 비용 면에서 효과적이다.

수리는 비용을 절약한다. 수리는 많은 경우 공짜이거나 신제품으로 교체하는 것보다 훨씬 저렴하다. 스스로 수리한다면 비용이 절약된다.

수리는 공학을 가르친다. 기기의 작동 원리를 알아내는 가장 좋은 방법은 기기를 분해해 보는 것이다.

수리는 지구를 구한다. 지구의 자원은 유한하며 결국에 고갈될 것이다. 가장 효율적인 방법은 기존에 가지고 있는 기기를 재사용하는 것이다.

수리는 사람과 기계를 연결한다.
수리는 엔트로피와의 전쟁이다.

수리는 지속 가능하다.

우리에게는 다음과 같은 권리가 있다:

구입한 기기 열어 보기
모든 기기에 관한 수리 문서 공급받기
수리 작업을 우리의 사적인 공간에서 진행하기
오류 코드 및 배선도 공급받기
원하는 수리 기술자 선택하기
비독점 잠금 장치 사용하기
뜯으면 '보증 무효' 스티커를 뜯기
어떤 소모품이든 자가 교체하기

❸ ko.ifixit.com/Manifesto
인포그래픽 출처도 동일하다.

문제 해결 지침 및 순서도 공급받기
합리적인 가격에 수리 부품 구입하기

수리는……
자립이다
비용 및 자원을 절약한다
창의력을 요구한다
소비자를 공급자로 변화시킨다
소유권에 자부심을 불어넣는다.

한국에도 소개된 적이 있는 이 선언문은 iFixit이라는 수리 설명서 위키 플랫폼❹ 회사에서 제작했으며, 현재 13개 언어로 번역되었다.❺

지금까지 소개한 선언문에서도 볼 수 있는 메이커들의 '공유 정신'은 인터넷 환경이 발달하면서 더욱 중요해졌다. 자격 조건이나 저작권을 무효화하는 일종의 저항 운동인 오픈 소스 운동, 위키피디아 같은 오픈-콜라보레이티브 플랫폼과의 접점이기도 하다. 다음은 하드웨어적인 상상에서 조금 벗어나 메이커들에게 '제작'만큼이나 중요한 '공유' 활동의 주 무대인 인터넷과 관련한 선언문을 모아 봤다.

❹ 이용자가 직접 모든 것에 대한 수리
   설명서를 제작, 공유, 수정할 수 있는
   플랫폼
❺ Christian Kim이라는 사용자가 한국어
   번역을 제공했다. 해당 번역본을 필자가
   일부 수정하여 싣는다.

자가 수리 선언문의 인포그래픽 버전

모질라 선언문The Mozilla Manifesto❻
10가지 원칙

인터넷은 현대인의 삶의 중요한 영역이다. 특히 교육, 커뮤니케이션, 협업, 비즈니스, 오락 및 사회 전반의 영역에서 핵심 분야이다.

인터넷은 누구에게나 열려 있고 접근 가능한 세계적 공공 자원이다.

인터넷은 개별 인류의 삶을 더 풍요롭게 해야 한다.

인터넷에서 개인의 보안과 사생활은 기본적인 것이고 선택 사항으로 다뤄져서는 안 된다.

개인은 인터넷과 각자의 인터넷 경험을 만들 능력을 가질 수 있어야 한다.

공공 자원으로서 인터넷의 효율성은 통신 규약, 데이터 형식, 콘텐츠 등 상호 운용성과 혁신 및 전 세계의 분산된 참여에 좌우된다.

자유 소프트웨어와 공개 소프트웨어는 인터넷을 공공 자원으로 발전시키는 데 기여하고 있다.

투명한 커뮤니티 기반 활동은 참여와 책임과 신뢰를 촉진하고 있다.

인터넷의 발전에서 상업적 기여 역시 많은 이점을 가져오고 있다.

상업적 이익과 공공의 이익 간의 균형은 매우 중요하다.

인터넷에서 공익적 측면을 확대하는 것은 중요한 목표이며, 시간을 내 참여하고 공헌할 가치가 있다.

구글이 크롬 브라우저를 통해 엄청난 양의 개인 정보와 쿠키를 수집하는 것은 이제 모두가 아는 사실이다. 크롬 유저가 압도적으로 많아지고 있는 추세이지만 브라우저계에서 조용히 오픈 소스 기반을 유지하면서 프라이버시 보장을 약속하는 모질라 파이어폭스Mozilla Firefox라는 브라우저가 있다. 한때 익스플로러와 경쟁하며 30%대의 점유율을 달성하기도 한 파이어폭스는 기본적으로 제3자 쿠키를 차단하는 기능을 가지고 있고 넷스케이프의 정신적 후속작이라고 알려져 있다. 그런 모질라 재단에서 발행한 선언문이 바로 이 모질라 헌장/선언문이다. 이와 비슷한 결에 있는 선언문으로는 GNU 선언문(1985)❼과 무선 커먼즈 선언문The Wireless Commons Manifesto(2001)❽이 있다.

❻ Twww.mozilla.org/ko/about/manifesto/details/

❼ OS계의 오픈 소스 기반 소프트웨어인 GNU("GNU is Not Unix" GNU는 유닉스가 아니다의 약자)의 제작자 리처드 스톨맨이 1985년 발행한 선언문이다. www.gnu.org/gnu/manifesto.en.html

❽ 무선 커먼즈(Wireless Commons)는 인터넷 기반 시설의 독점과 상업화를 반대하며 모두에게 무료로 제공되는 공유 자원으로서의 무선 네트워크를 추구하는 운동이다. sindominio.net/metabolik/alephandria/txt/wirelesscommons.html

웹키드들의 선언 We the Web Kids(2012)❾

우리는 인터넷과 함께, 인터넷상에서 자랐다. 당신과 다른 점이다. 당신이 보기엔 놀라울 수도 있는데, 우리는 인터넷을 '서핑'하지 않는다. 인터넷은 우리에게 어떤 '장소'나 '가상 공간'이 아니다. 우리에게 인터넷은 현실 외부에 존재하는 게 아니라 그 일부이다. 보이지 않지만 항상 존재하는, 물리적 환경과 밀접하게 얽혀 있는 하나의 층이다. 우리는 인터넷을 사용하는 것이 아니라 그 안에서 함께 생활한다. 아날로그인 당신에게 우리의 성장 소설을 얘기해 준다면 아마 이렇게 말할 수 있을 것이다. 우리를 형성하는 모든 경험들은 자연적으로 인터넷의 측면이 존재한다. 우리는 온라인에서 친구와 적을 만들었고, 시험을 준비했고, 파티와 공부 모임을 계획했고, 온라인에서 사랑에 빠지고 실연을 겪었다. 우리에게 웹은 배워서 능숙해진 기술이 아니다. 웹은 우리의 눈앞에서 지속되는, 끊임없이 변화하는 프로세스이다. 우리와 함께 그리고 우리를 통해 변화한다. 기술은 등장하고 변두리에서 결국 사라지고, 웹사이트는 오픈하고, 번창하고, 또 소멸하지만 웹은 지속된다. 우리가 바로 그 웹이기 때문이다. 서로와 가장 자연스럽고 익숙한 방법으로, 인류 역사상 그 어느 때보다 강렬하고 효율적으로 소통하는 우리가 그 웹이기 때문이다.

폴란드 시인 **표트르 체스키**가 작성한 선언문의 일부분이다. 미국의 《디 애틀랜틱》 잡지에 소개된 적이 있다. 앞서 인터넷과 인터넷 사용을 가능하게 하는 제작자들의 선언문을 소개했다면 웹키드들의 선언은, 인터넷은 '사용'하는 것이 아니라 "우리가 바로 웹이다"라고 얘기하는 웹 네이티브들의 주장을 보여 준다.

❾ Piotr Czerski, Marta Szreder
옮김(2012), 〈We the Web Kids〉.
pastebin.com/0xXV8k7k

해커 선언문 The Conscience of a Hacker/The Hacker Manifesto(1986)❿

오늘 또 한 명이 잡혔다.
신문마다 야단이다.
"컴퓨터 범죄 사건으로 십 대 체포",
"은행 컴퓨터 조작으로 해커 체포"……
빌어먹을 어린 놈들, 그놈들은 다 똑같아……

하지만 당신은 싸구려 심리학과 1950년대식 테크노브레인 속에
서나마 해커의 눈동자를 깊숙이 살펴본 적이 있는가?
왜 그들이 그런 장난을 하는지,
무엇이 그들을 만들었는지,
혹시 생각해 본 적이 있는가?

나는 해커다.
나의 세계로 오라.

(중략)

나는 이곳의 모든 사람을 안다.
내가 한 번도 만난 적이 없는 사람도,
전에 한 번도 이야기해 본 적이 없는 사람도,
그리고 어쩌면 앞으로 한 번도 다시 만날 일이 없을 사람도……
나는 모두를 알고 있다.

빌어먹을 어린 놈들. 전화선으로 또 장난질하고 있잖아. 그놈들은
모두 다 똑같아……

(중략)

여기가 우리 세상이다.
전자와 스위치로 이루어진 세상,
아름다운 baud 세상.
우리는 이미 존재하는 서비스를 공짜로 사용했을 뿐이다.
우리가 사용하지 않으면
그것은 기껏해야 돈에 환장한 놈들의 짓거리,

❿ The Mentor(1986), 〈The Conscience
of a Hacker〉.
phrack.org/issues/7/3.html

그것도 아니면 지저분한 싸구려 장난감일 뿐이다.
하지만 당신은 우리를 범죄자라 부른다.
우리는 탐구하는 것뿐인데……
하지만 당신은 우리를 범죄자라 부른다.
우리에게는 피부색도, 국적도, 종교적 편견도 없는데……
하지만 당신은 우리를 범죄자라 부른다.
당신들은 원자폭탄을 만들고, 전쟁을 일으키고,
살인을 하고, 거짓말을 밥먹듯이 하면서
그 모든 것들이 우리를 위한 것이라 믿게 만들려 한다.

그렇지만 우리는 범죄자다.
나는 범죄자다.
나의 죄목은 호기심.
나의 죄목은 인간을 외양이 아니라 말과 생각으로 판단하려
한 것.
나의 죄목은 당신보다 똑똑하다는 것.

아마 당신은 나를 영원히 용서하지 못할 것이다.
나는 해커다.
이것은 나의 강령이다.
당신은 나 한 사람을 멈출 수는 있지만
우리 모두를 멈출 수는 없다.
어쨌거나 우리는 다 똑같기 때문이다.

1986년 당시 더 멘토라는 이름으로 활동하던 해커 로이드 블랑켄쉽이 체포된 후 발표한 짧은 글이다. 언더그라운드 해커 잡지인 〈프랙Phrack〉에 처음 소개된 이래로 지금은 티셔츠, 머그 등에서 흔히 볼 수 있을 정도로 잘 알려져 있고 해커 문화의 초석이자 후대의 해커들에게 '해커 윤리' 가이드로서 읽히는 글이라고 한다.

하드웨어 해커 선언문(2010) Hardware Hacker Manifesto[11]

내 이름은 코디이고 나는 하드웨어 해커이다. 5세 때 처음으로 장난감 컴퓨터를 분해하여 어떻게 작동하는지 알아내면서 (해킹을) 시작했다. 나는 기계를 움직이는 원리를 알아낼 때, 그리고 내가 원하는 대로 조종하는 방법을 알아낼 때의 그 희열이 곧 삶의 낙이다. 이 경험을 토대로 게임 콘솔부터 핸드폰까지 마구잡이로 해킹하는 해커가 되었다.

예전에는 지극히 흔한 일이었다. 사람들은 기계가 고장이 나면 그걸 뜯어서 작동 원리를 알아내고 고장 난 부분을 수리하는 걸 당연하게 생각했다. (수리를 하는) 우리는 아직 존재하고 점점 증가하고는 있지만 더 이상 이 행위는 허용되지 않는다. 기업들은 더욱더 제품들을 꽉 잠가 놓고 있고 따라서 하드웨어 해킹이 더 중요해지고 있는 시점이다. 한편으로는 (하드웨어 해커인) 우리를 보고 '해적'이라고 말하는 사람들이 많아지고 있다. "너네가 뭐길래 기업의 의도와 반대로 제품을 마음대로 수정하는데?"라는 식이다.

이것은 결국 간단한 질문으로 귀결된다. 당신이 무언가를 구입하면, 그것을 소유하게 되는 것인가? 바보 같은 질문처럼 들릴 수도 있지만 이것은 하드웨어 해킹에 대한 논쟁의 핵심이다. 구매자가 제품을 소유한다고 본다면 그 제품으로 무엇을 한다 한들 문제가 될 게 없다.

나는 매일매일 이 권리를 행사한다. 탈옥한 내 핸드폰을 통해, Wii를 실행할 수 있는 자가 제작한 미디어 플레이어를 통해, 그리고 최근에는 해킹된 내 뇌-컴퓨터 인터페이스를 통해 말이다.

(중략)

다시 말해, 당신이 나에게 무언가를 팔았다면, 그것으로 무엇을 하든 내 마음이다. 끝. 그걸 분해하든, 업그레이드하든, 당신이 생각지도 못한 기능을 추가하든, 그리고 원하는 사람들에게 어떻게 하면 따라 할 수 있는지 알려 주는 것도 다 내 마음이다. 내가 구입한 내 물건이다. 당신이 구입한 모든 기계 또한 당신의 것이다.

[11] 리눅스 유저들이 아이튠즈에서 DRM프리로 음악을 다운로드 할 수 있게 하는 PyMusique 프로젝트로 유명해진 코디 브로셔스가 발행한 하드웨어 해커 선언문. blog.9while9.com/manifesto-anthology/hardware-hacker.html. '정보 사회를 위한 선언문 모음집(Manifestos for the Information Age: An Anthology)'이라는 웹사이트에 게재된 선언문 전문.

> 아니라고 하는 사람들은 무시하라.
>
> 나는 하드웨어 해커이며 이것은 나의 선언이다. 우리는 항상 존재했고 앞으로도 존재할 것이다. 우리를 저지하려고 싸울 수 있지만 우리는 훨씬 더 강력하게 맞설 것이다. 우리는 반드시 이길 것이다.
>
> 해피 해킹,
> 코디 브로셔스

1990년대에 멋있는 범죄자로서의 '해커'의 이미지가 구체화되었다면 2010년대에 와서는 '트위킹tweaking'과 더불어 '해킹'이라는 동사가 일반화되고 있다. 예를 들면 "공용 공간을 해킹하다", "강을 해킹하다", "가구를 해킹하다" 이런 문장에서 해킹은 사이버 범죄로서가 아니라 개입intervention의 의미로 사용된다. 기존 질서에 대한 질문을 던지는 도전과 개입으로서의 해킹을 이해하면 서울 한강에 대한 해킹은 '수영'이 될 수 있는 것이다. 트위킹도 비슷한 결의 단어로 어떤 제품이나 완성된 물건을 내 기호에 맞게 '살짝' 바꾸는 등의 행위를 지칭한다. 메이커들이 서로의 작업을 '공유'하고 난 후에는 무슨 일이 벌어질까? 바로 트위킹과 해킹이다. (해킹은 기술을 공유하지 않고 독점하고 있는 자에게 해당될 수 있겠다.) 도식과 코드를 공유하고 서로의 작업을 기반으로 더 발전된 제품을 만들거나, 완전히 다른 창작물을 만드는 것. 그리고 이 모든 것을 허용하고 지지하는 문화, 바로 이것이 해킹·트위킹과 메이커 운동의 접점이다.

7개의 선언문을 통해, 어떻게 메이커 '문화'가 정치적 '운동'으로서 이해될 수 있는지에 대해 이야기해 보고 싶었다. 이 글에 다 담지 못한 영역이 많은데, 그 중 하나는 '사이버페미니즘'에 대한 것이다. 아래 두 개의 선언문으로 그 부족함을 조금 채울 수 있으면 좋겠다.

- 21세기를 위한 사이버페미니스트 선언문 Cyberfeminist Manifesto for the 21st Century, VNS Matrix, 1991[12]
- 제노페미니스트 선언문 The Xenofeminist Manifesto: A Politics for Alienation, Laboria Cuboniks, 2018[13] 참여가능

[12] 최근 북서울미술관에서 진행한 웹 레트로 전시에도 소개된 적이 있다. vnsmatrix.net/projects/the-cyberfeminist-manifesto-for-the-21st-century

[13] www.laboriacuboniks.net/

삶의 기술

남은 음식물,
쓰레기가 아닌 자원

강신호 kangsinh.m@gmail.com
대안에너지기술연구소. 가스 터빈이라는 최첨단 기술 분야에 종사하다가 스스로 내려왔다. 비첨단 기술로도 얼마든지 삶을 풍요롭게 할 수 있다는 믿음으로 적정기술을 개발하고 교육하며, 삶 속에서 실천하고 있다. 저서로는 《이러다 지구에 플라스틱만 남겠어》가 있다.

쓰레기 유감

일상생활을 하는 동안 적어도 하루에 한 번 이상은 입 밖으로 내뱉게 되는 단어가 '쓰레기'이다. 일부러 쓰레기통이 있는 곳을 찾아가기도 한다. 그래서 쓰레기통은 어디든 있다. 아니 어디든 있어야 한다. 그렇지 않으면 사회적 서비스가 불충분하다고 느끼게 된다. 필요한 곳에 있지 않으면 당장 불편한 것이 쓰레기통인데, 그 이유는 시도 때도 없이 쓰레기를 생산하고 있기 때문이다. 활동하는 동안에도, 쉬는 동안에도, 심지어 먹는 동안에도 쓰레기는 계속 나온다. 어쩌면 사람들의 하루 일과 중 잠자는 시간에만 쓰레기를 만들지 않는다고 해도 과언이 아닌 듯하다. 쓰레기로 버려지는 물건들의 입장에서 생각해 보면 어떨까? 토사구팽兔死狗烹이란 사자성어처럼,

기껏 아쉬운 부분을 해결해 주었더니 버림을 받는 꼴이 된다.

원래는 자연 속에서 평화롭게 존재하던 식물이었다. 어느 따뜻한 봄날 씨앗이 발아하더니, 줄기가 나고 잎이 무성해지면서 열매를 맺었다. 계절이 반복되면서 줄기가 굵어지고 키도 커지고 열매도 많아지고 하기를 수년여. 제법 넓게 그늘도 만들 수 있을 만큼 성장했다 싶은 어느 해 불쑥 사람들에 의해 베어졌다. 공장으로 보내진 나무는 화학 약품 속에 담겨 절반은 녹아나가고 겨우 섬유질만 남게 되었다. 사람들은 이 섬유질을 펄프라고 불렀다. 펄프는 종이나 판지의 원료가 되어 공장으로 옮겨졌다. 여러 공정을 거쳐 종이로 완성되는 동안 다른 연료와 자원들이 끊임없이 소비되었으며, 그만큼 가격도 높게 올랐다. 그리

고 포장재에 담긴 채 세상 속으로 나갔다.

저절로 발아해서 나무라는 생명체로 살다가 종이라는 재료로 바뀐 식물의 이야기이다. 종이의 다음 운명은 무엇일까? 안타깝지만 필경 쓰레기일 것이다. 잡지를 만드는 데 쓰인 종이라면 조금은 길게, 불행하게 두루마리 휴지로 쓰였다면 아주 짧은 시간 만에 쓰레기가 되고 말 것이다. 참 이상하지 않을 수 없다. 종이 쓰레기도 여전히 종이이다. 쓸모를 다했건, 낡았건, 오염되었건 여전히 종이이다. 더 근본적인 것은 자연에서 온 물질이라는 기본 속성은 변하지 않았다는 것이다. 종이에 쓰레기라는 이름만 붙었을 뿐인데도 사람들 사회로부터 격리되어 나간다. 그렇다고 다시 자연으로 돌아가는 게 아니다. 태워지거나 땅속에 매립되어서 생태계로 다시는 돌아오지 못한다.

생태계 서비스

여기서 잠깐 생각을 정리해 보자. 펄프라는 속성이 없어진 것은 아닌데, 왜 태우거나 매립해서 없애야 할까. 다시 펄프로 만들어서 또 다른 종이로 만들면 되지 않을까. 소위 재순환 또는 물질적 재활용을 하면 안 될까 싶은 것이다. 쓰고 난 종이라도 다시 원료로 순환시키자는 것이다. 그리고 이것은 기술적으로 가능하다. 이미 재생 종이나 재생 휴지 등을 재생 펄프로 만들고 있기도 하다. 그런데도 우리는 쓰레기란 이름을 붙여 쓰레기통으로 넣어 버린다. 그리고 다시는 만나지 않을 것처럼 잊어버린다. 내가 버린 종이 쓰레기가 태워져서 공기를

오염시키든 땅을 오염시키든 내가 알 바 아니다. 다시 새 종이를 사서 쓰면 되니까 말이다. 나의 소비 생활은 오로지 일방통행이다. 다시 쓰는 일이란 없다. 의무 사항이 아니기 때문이다. '재활용'이란 생각해 본 적도 없는 용어이다. 자연 자원이나 순환은 굳이 생각할 필요가 없다. 결국 인간의 소비 행위는 끝도 없이 쓰레기만 생산해 낸다.

앞에서 예를 든 나무처럼 음식물의 재료로 쓰이는 물질들의 대부분은 자연 생태계로부터 온다. 인간이 생명을 유지하기 위해 섭취하는 영양분은 생태계가 제공하는 서비스의 산물이다. 이 서비스 체계는 비단 식물로부터만 오는 것이 아니라 동물로부터도 온다. 실로 복잡한 협업 체계인 데다 생태계를 순환하게 하는 핵심이다. 인간도 이 생태계를 구성하고 있는 종種일 뿐이다. 따라서 인간의 행위나 존재 자체도 사실은 생태계의 일부가 되어야 한다. 즉 인간의 존재가 생태계의 순환을 저해하거나 위축시켜서는 안 된다. 그러나 서비스를 누릴 줄만 알고 본질을 망각한다면, 결국 생태계로부터 인간이 고립되는 날도 언젠가는 오지 않을까.

인간이 자연으로부터 영양분을 얻는 방식은 매우 심대한 영향을 남긴다. 대부분의 동물들이 생명 유지와 번식을 위해서 먹고 먹히는 과정을 반복하지만, 이 과정에서 인간처럼 가공하지는 않는다. 즉 익히거나 첨가제를 넣거나 하지 않는다. 그냥 먹을 수 있는 것과 아닌 것을 본능적으로 구분하고 섭취한다. 먹을 수 있는 것은 몸속에서 소화 기능을 통해 흡수할 수 있음

을 의미한다. 이렇게 소화될 수 있는 것들은 유기물이다. 유기물로부터 영양분을 흡수함으로써 성장과 생식을 할 수가 있다. 영양소는 순환 과정을 통해 이 생명체로부터 저 생명체로 옮겨 다닌다. 이러한 과정 사이에는 늘 분해 역할을 맡은 미생물들이 열심히 일하여 순환을 주도한다. 드물게는 자연 속에서 일어나는 열적 화학적 작용들이 순환에 보탬이 되기도 한다.

인위적 조작이 남기는 것

자연의 순환 과정 중에는 인위적인 조작이나 가공이란 없다. 순환을 빠르게 하기 위해 조작하는 일 따위란 없다. 순환의 과정 중에 없던 것이 첨가되거나 날것이 익힌 것으로 바뀌는 일은 일어나지 않는다. 그저 생성-성장-분해-소멸의 순환을 유지할 뿐이다. 만일 이 과정 중에 하나라도 인위적인 조작이 있게 되면 순환의 고리가 깨질 수밖에 없다. 조작이 적을수록 본래로 환원되기 쉬울 것이다. 여기서 말하는 인위적 조작의 예는, 식량 생산을 위해 화학 비료를 투입하는 일이다. 자연스럽게 자라는 다양한 식물들을 없애고 특정 작물만 잘 자라게 하기 위해 제초제나 항생제 같은 화학 물질을 투입하는 일이다. 대규모 재배를 위해 숲을 없애고 땅의 용도를 바꾸는 일이다. 저절로 분해될 수 있는 것들을 쓰레기로 분리하여 태우거나 묻는 일이다. 더 끔찍한 것은 아예 분해가 될 수 없는 플라스틱과 같은 인공 물질도 함께 묻거나 태우는 일이다.

농업을 위해 화학 비료를 뿌리는 일 또한 토양의 영양 순환을 방해하는 행위이다. 그렇지만 단기간에 수확량을 늘리기 위해선 비료를 주지 않을 수 없다. 식물이 자라는 데 필요한 무기질을 자연 순환을 통해 공급받는 것으로는 더디고 충분하지 않기 때문이다. 그렇지만 원래 자연 속에 존재하는 질소와 인, 칼륨 등과 같은 무기 원소들은 생태계 내에서 스스로 순환하고 있다. 공기 중 질소는 박테리아 대사를 통해 땅속으로 고정되어 식물이 섭취할 수 있게 해 준다. 동물이나 식물 같은 유기체가 땅속에서 썩어 가면서 발생하는 암모니아도 분해자인 미생물들의 활동에 의해 식물들이 섭취할 수 있는 질산염 등으로 바뀐다. 땅속에 풍부하게 매장된 인도 마찬가지로 인산 이온의 형태로 식물에 흡수되어 먹이 사슬을 통해 생명체로 순환한다. 그런데 이런 과정을 끊는 것이 바로 비료를 뿌리는 행위이다. 즉 농업이라는 인위적인 조작이 순환을 끊고 환경을 오염시키는 결과를 가져온다.

2009년에 발표된 행성경계Planetary Boundaries 이론에 따르면 지구의 토양에 인위적으로 투입된 질소와 인의 양이 허용치를 이미 넘어섰다고 분석했다. 과도한 영양분은 대기와 땅을 오염시키고, 해양 및 수생 생태계를 파괴하고 있다고 경고하고 있다. 인위적으로 질소와 인을 투입하는 것은 산업 활동과 식량 재배를 원활하게 하기 위한 목적에서이다. 인간의 이러한 활동은 다른 경계에도 영향을 미치게 된다. 즉 과도하게 유입된 영양분은 식물의 급속한 성장 또는 소멸을 유발한다. 또 조류가 마구 번식하게 만들어 하천이나 호수의 용존산소량DO를 감소시켜 물고기들이 살 수 없는 환경을 만든다. 이를 부영양화 현상이라고 한

❶ 그림 가공 후 인용. Steffen, W. et al.(2015), Planetary boundaries: Guiding human development on a changing planet, *Science*, 347(6623).

다. 게다가 부영양화는 또 다른 악순환을 불러오는데, 화학 비료 혹은 오수의 유입으로 생물이 죽으면 그 생물이 분해되어 가는 과정 속에서 영양분이 만들어지므로 과잉 공급 상태가 계속된다. 즉 수생 및 육상 생태계의 교란 현상이 가속화될 수밖에 없게 된다. 아래 그림은 2015년에 개정 발표된 행성경계 분석 결과를 나타낸 그래프이다.

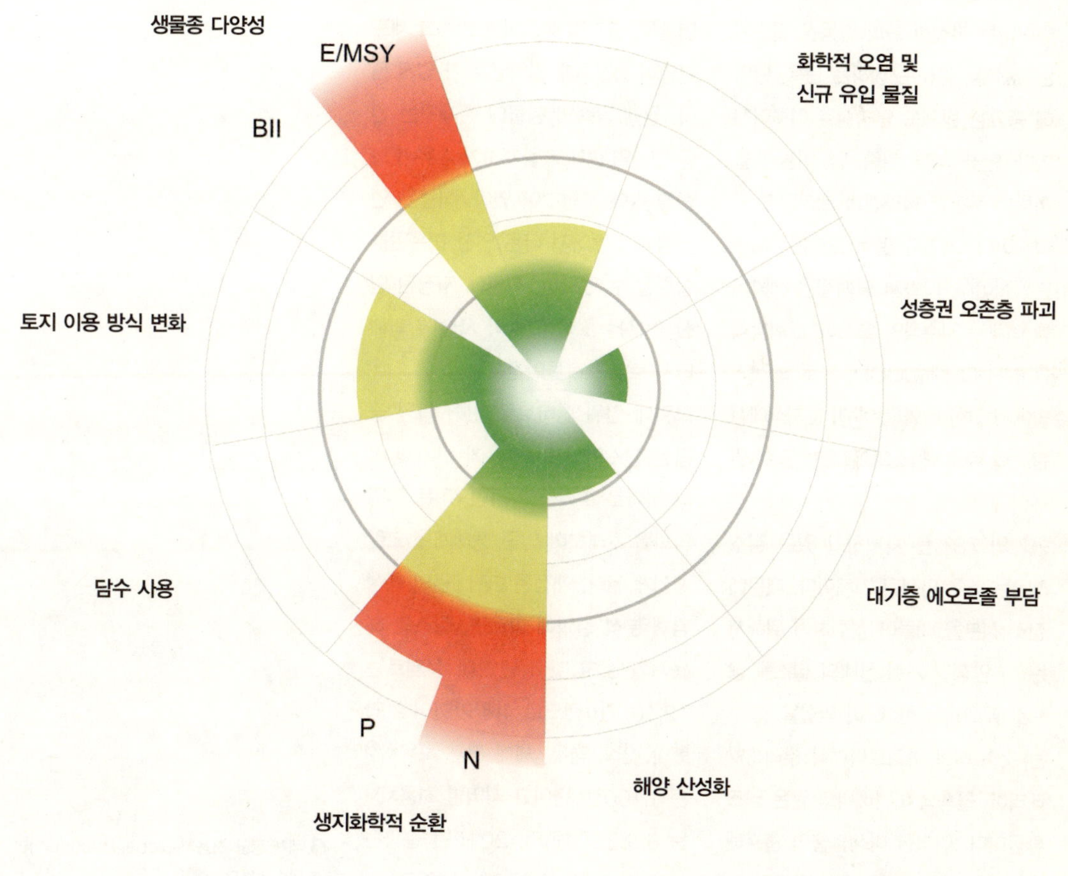

지구 시스템을 구성하는 주요 요소들에 인간의 산업 행위로 인해 어떤 부작용을 초래하고 있는지를 보여 주는 행성경계 이론❶

질소와 인의 과잉 공급

생명체의 주성분은 유기물질이다. 다른 말로 표현하면 생체분자라고 하며, 여기에는 단백질, 탄수화물, 핵산과 지질들이 포함된다. 생체분자는 탄소(C), 수소(H), 산소(O), 질소(N) 등을 주성분으로 한다. 여기에다 인(P), 칼슘(Ca), 철(Fe), 아연(Zn) 등의 무기질도 생명체 구성에 필수적이다. 단백질을 예로 들어 보자. 생명체는 세포와 살을 만들어 가는 과정에서 단백질을 생성한다. 생명체 내에서 단백질은 만능이라 할 정도로 다양한 기능과 역할을 맡고 있다. 생명체 내에서 일어나는 복잡한 화학 반응을 일으키는 효소들, 몸을 구성하는 근육, 면역에 중요한 항체도 단백질로 이루어져 있다. 연골, 피부, 가죽, 털, 비늘 등을 이루는 주성분 콜라겐과 케라틴도 단백질이다. 거기다 몇몇 호르몬까지도 단백질이다. 따라서 단백질은 생명체를 이루는 필수적인 요소이다. 화학식은 $(NH_2CHR_nCOOH)_n$으로 쓰인다. 앞에서 말한 바와 같이 이 분자식에서 탄소와 수소, 산소와 질소가 필수 원소이다.

공기의 78%를 차지하고 있는 질소(N_2)는 매우 안정된 기체이다. 때문에 질소 성분을 식물이 섭취하기 위해서는 이 안정된 기체 상태의 질소를 땅으로 끌어와야 한다. 이 역할을 해 주는 것이 바로 아조토박터나 뿌리혹박테리아, 물속의 아나베나와 같은 남조류들이다. 이러한 미생물들이 흡수해서 토양 속에 저장한 질소뿐만 아니라, 간혹 공중 방전에 의해 분해된 과산화질소가 빗물을 통해 땅속에 흡수되어 질산염 형태로 저장될 수도 있

다. 생명체가 죽어서 땅속에서 분해될 때도 질소 성분은 암모니아로 환원되었다가 미생물들의 활동에 의해 아질산염과 질산염으로 산화된다. 이러한 분해 과정을 통해 비로소 식물이 질소를 섭취할 수 있게 된다.

인은 핵산과 효소뿐만 아니라 치아와 뼈를 구성하는 데 필요하다. 동물의 체내에 흡수된 인의 80%는 칼슘과 결합하여 치아와 뼈를 구성하는 데 쓰이고, 나머지 20%는 혈액과 체액의 pH를 유지해 주는 역할을 한다. 식물 내 세포에서 일어나는 다양한 대사 작용에 인을 필요로 한다. 인이 부족하면 잎과 줄기의 성장이 느려지고 세포 분열이 활발하게 일어날 수가 없게 된다. 원래 땅속의 광물에 존재하는 인은 인산염 형태로 존재하거나 유기 화합물 속에 포함되어 있다. 식물은 인산염에서 떨어져 나온 인산 이온만을 섭취할 수 있으며, 식물에 저장된 인산 이온은 초식성 먹이 사슬에 의해 다시 토양으로 돌아간다.

그런데 인위적 비료로 인해 과잉 공급된 질소와 인이 빗물에 씻겨 강이나 바다로 흘러들어 가면, 이는 부영양화를 초래하여 인근 생태계를 교란시키게 된다. 개정된 2015년의 행성 경계 분석 결과에 따르면, 질소의 허용치가 3,500만t/년인데 실제로는 12,100만t/년으로 4배 가까이 초과했다. 인의 경우, 세계 평균 허용치❷는 1,100만t/년이고 지역별 허용치❸는 620만t/년인데, 2015년 결과는 세계 평균치가 2,200만t/년이고, 지역 수치가 1,400만t/년으로 이미 허용치를 넘어 위험 수준임을 보여 주었다. 이렇게 과도한 질소와 인이 화학

❷ 세계 평균 허용치(Global Boundary)란 담수로부터 해양으로 유입되는 인의 허용치를 뜻한다.

❸ 지역별 허용치(Regional Boundary)란 비료로부터 토양으로 유입되는 인의 허용치를 뜻한다.

비료 포대로부터 토양으로, 토양에서 강과 하천으로, 바다로 옮겨 가는 동안 피해를 받는 생태계의 범위가 커지게 되고 지구 내 다른 시스템에도 영향이 미칠 수밖에 없게 된다.

현대의 농업은 이미 전 세계 80억 인구를 충분히 먹여 살릴 수 있을 만큼의 식량을 생산하고 있다고 한다. 그럼에도 지구촌 곳곳에는 빈곤으로 인해 식량을 조달할 수 없어 굶어야 하는 극빈층이 존재한다. 이것이 시사하는 바는 크다. 즉 현대적 농업 기술이 인류 전체를 위한 식량 생산을 위해 쓰이는 것이 아니라, 일부 대규모 산업과 자본 집단의 영리만을 위해 쓰이고 있다는 사실이다. 화학 비료의 대규모적 사용은 생물권의 변화나 멸종을 초래하고, 토양의 용도 변경을 불러온다. 비료를 만드는 과정과 경작, 이동 과정에서 대규모 농업은 온실가스 방출량을 늘려 기후 변화를 가속화시킨다. 한쪽에서는 식량이 없어 죽어 가는 동안 다른 한쪽에서는 생산된 농산물의 30%가 유통되는 과정에서 폐기되고 만다. 이렇게 폐기된 농산물이 또다시 환경을 오염시킨다. 악순환이 꼬리를 물고 계속되는 형국이다.

유기물은 폐기되는가

우리가 흔히들 유기성 폐기물이라고 부르는 쓰레기류는 사실상 쓰레기라 할 수 없는 물질이다. 쓰레기란 재활용이 전혀 되지 않아 인위적으로 묻거나 태워서 소멸시켜야 하는 물질과 물건을 통칭하는 말이다. 그런데 유기질은 제대로만 한다면 생분해되어서 자연 속 물질로 되돌아갈 수 있는 바이오매스이다. 유기질 속에 들어 있

던 다양한 유기 화합물이 미생물 또는 생화학적 반응에 의해 분해되면서 무기물로 분리되는 과정이 생분해biodegradation이다. 생분해는 자연 속에서 저절로 일어나는 현상이다. 따라서 유기성 쓰레기를 자연에 마구 방치해 둔다면 심각한 환경 오염을 초래할 수 있다. 즉 스스로 분해되면서 산소가 있는 환경에서는 이산화탄소를, 없는 환경에서는 메탄가스를 방출하게 된다. 따라서 잘 제어할 수 있는 환경과 분위기 속에서 유기성 쓰레기를 처리하는 것이 필요하다. 생활 속에서 나오는 음식물 남은 것, 인분과 축분, 농업·임업의 부산물, 폐가구, 폐목재 등은 모두 유기성 쓰레기에 해당한다. 인구가 집적된 대도시일수록 이런 유기성 쓰레기가 많이 나오게 되므로 처리에 고심을 하게 만든다.

현재 기술에 의존하여 유기성 쓰레기를 처리하는 방식엔 재활용, 매립, 소각이 있다. 여기서 매립이나 소각은 다루지 않기로 한다. 왜냐면 이는 쓰레기를 처리하는 방법 중 최악의 선택이기 때문이다. 유기성 쓰레기 즉, 바이오매스를 순환경제circular economy 속에 있도록 하기 위해서는 재활용하기 위한 방법을 강구하는 것이 필요하다. 현재 활성화되어 있는 재활용은 퇴비화와 사료화, 호기성 소화 및 혐기성 소화로 구분할 수 있다. 퇴비화는 호기성 발효를 이용해서 유기성 물질을 퇴비로 만드는 방식이다. 사료화는 탈수한 음식물을 건조하고 분말로 만든 뒤 곡물 사료와 섞어서 사료 제품화하는 것이다. 호기성 소화 방식은 호기성 박테리아를 이용해서 하수 처리장 같은 곳의 유기성 슬러지의 양

을 줄이고 부산물을 토질 개량제나 연료로 쓰는 방식이다. 혐기성 소화 방식은 혐기성 미생물들을 이용하여 메탄가스와 액체 비료를 얻는 방식이다. 현재 이러한 기술들은 대형 장비를 갖춘 전문 업체에서 수행되고 있다. 여기서는 마을이나 공동체 단위로 추진할 수 있는 퇴비화와 혐기성 소화에 대해서만 다루도록 하겠다.

유기성 쓰레기의 재활용 방안

퇴비화Composting

우리나라에서도 텃밭이나 마을공동체 단위로 퇴비화를 실천하고 있는 곳이 많다. 퇴비화는 가정에서 남은 음식물을 효과적으로 재활용하는 방안이라는 공감이 확대된 때문이다. 유기성 쓰레기 중 음식물은 영양가가 높아 퇴비로 활용하기에 부족함이 없다. 다만 소금 함량이 높은 데다 수분이 많아 전처리가 필요하다. 소금기가 있는 음식물은 물로 헹구어 준다. 물은 바짝 짜내서 물기가 저절로 흐르지 않는 정도의 것을 사용한다. 이렇게 물기를 뺀 유기성 쓰레기를 한곳에 모아 놓고 톱밥이나 건초 등을 넣은 다음 잘 섞어 주어야 한다. 그다지 어려운 조건이 아니어도 유기물과 수분 등이 적당한 온도하에 혼합이 되면 미생물들의 작용에 의해 발효가 진행된다. 이 미생물들은 산소를 필요로 하며 공기 중의 산소와의 산화 작용을 통해 대사를 수행한다. 효모, 발효균의 사상균, 방선균 등이 이러한 발효 대사에 관여하게 된다. 발효가 활발해지면 열이 발생하면서 50~60℃ 정도로 온도가 높아지게 된다. 온도가 현저히 높아질

때마다 뒤집어 가며 잘 섞어 주는 게 좋은데, 이는 산소를 구석구석 공급해 주기 위함이다.

발효가 진행되면서 미생물들은 유기물을 소화시키는 대신 무기질 영양소를 만들어 낸다. 복잡한 섬유질이나 녹말과 단백질 같은 천연 고분자들이 좀 더 간단한 단위체로 분해된다. 시간이 지날수록 유기체 덩어리가 부분적으로 무기질화된다. 이렇게 푸석푸석해진 퇴비를 부식토humus라고 한다. 물기가 너무 많으면, 산소의 통로를 막아서 호기성 발효균이 번식하는 것을 막아 자칫하면 부패가 일어날 수 있다. 이렇게 되면 인간에게 해로운 병원균이 발생할 가능성이 높으며, 암모니아 생성으로 악취의 원인이 되기도 한다. 음식물 쓰레기의 수분을 조절하기 위해서 넣는 톱밥이나 왕겨, 건조된 낙엽 등도 나름 역할이 있다. 이런 재료들은 탄소를 제공하여 탄질비(탄소와 질소의 비율)를 유지하는 데 도움이 된다. 미생물들은 탄소를 섭취해서 에너지를 얻고, 질소를 섭취하면서 세포를 늘려 나간다. 만일 질소 성분이 모자라면 미생물과 식물이 질소를 얻기 위해 경쟁을 하게 된다. 하지만 활동성이 강한 미생물이 질소 성분을 차지하게 되면서 식물의 성장이 둔화되게 된다. 따라서 적절한 탄질비가 유지된 퇴비를 만드는 게 중요하다. 퇴비화에 필요한 적절한 탄질비는 20~30:1 정도로 본다. 다음의 표는 탄질비를 유지하는 데 적합한 유기성 쓰레기의 종류와 퇴비화하지 말아야 할 것을 정리한 것이다.

미생물의 발효 작용을 이용한 퇴비화 외에도, 지렁이를 이용하거나 동애등

에 같은 곤충을 이용하는 방법도 있다. 지렁이나 동애등에의 애벌레가 먹고 배설한 분변도 훌륭한 퇴비가 된다. 지렁이는 염분을 먹지 못하나, 동애등에의 애벌레는 소금에 절인 음식물도 개의치 않고 먹어 치운다. 다만 동애등에에게 맞는 시설 환경을 만들어 주어야 한다는 점이 일반 가정에서 이용하기에 걸림돌이 될 수 있다. 서울의 경우 강동구에 이러한 시설을 갖춘 퇴비공원이 조성되어 있다. 양천구에도 유기성 쓰레기를 퇴비로 순환하는 활동을 구청과 시민들이 협업해서 진행하고 있다.❹

〈퇴비화에 쓰이는 유기성 쓰레기〉

갈색 재료(탄소 공급)	녹색 재료(질소 공급)	피해야 할 것
마른 잎이나 잔디, 건초 골판지/종이 박스 톱밥 목화 솜 파쇄한 신문 벽난로 재 털/모피 깨끗한 종이 양모, 면 걸레	야채와 음식 남은 것 막 깎은 잔디나 녹색의 열매 커피 파우더 티백의 내용물 달걀 껍질	계란 노른자(해충 유인) 육류(파리 및 설치류 유치) 오일, 그리스(냄새 발생, 해충 유인) 살충제(미생물에 치명적) 동물 폐기물(질병 유발)

**음식물 쓰레기 자원화 -
혐기성 소화**Anaerobic Digestion

유기성 쓰레기 중 음식 재료로 쓰고 남은 것들을 가스화하여 쓰고자 하는 방식이다. 혐기성 소화의 전체 과정은 산소가 없는 환경에서도 살 수 있는 미생물들에 의해 진행된다. 유기물을 만나면 먼저 가수분해 작용이 일어난다. 가수분해를 담당한 미생물들이 복잡한 구조의 유기 화합물을 단순한 구조의 유기물로 분해한다. 즉 다당류나 탄수화물, 단백질, 지방 등이 당이나 알코올, 지방산, 아미노산 등으로 분해되는 것이다. 가수분해가 끝나면, 이번에는 산을 생성하는 발효균이 덤벼들어 앞 단계에서 만들어진 단당류나 올리고당을 더 분해하여 아세트산이나 부틸산, 프로피온산 등으로 발효시킨다. 이 과정에서 나온 이산화탄소와 수소를 이용하여 메탄을 만드는 과정이 진행된다. 이때는 메탄 생성 박테리아가 활동을 하게 된다. 다음의 그림에서는 메탄 생성 과정의 일련의 흐름을 보여 준다.

❹ 〈서울도시농업소식〉, 2019년 8월 3일 기사 참조.

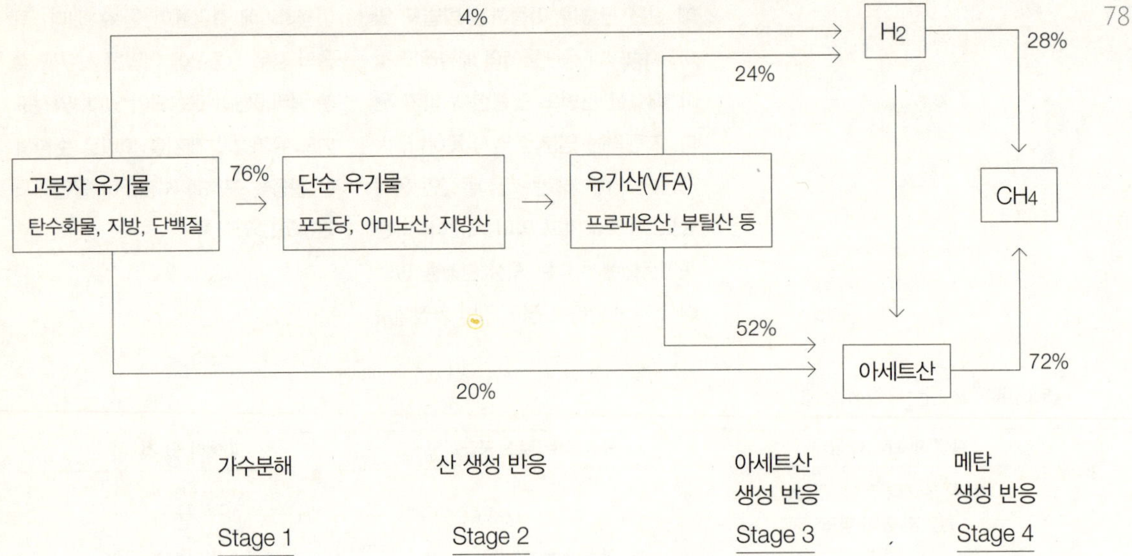

유기물로부터 바이오가스가 만들어지는 혐기성 소화 과정

미생물의 소화에 의해서 유기물질이 분해되면, 위 그림에서 보는 바와 같이 최종 결과물은 메탄가스이다. 이 외에도 이산화탄소 등의 기체와 물이 남는다. 이렇게 혐기성 소화가 일어나게 하여 가스를 발생시키고 저장하는 시스템을 바이오다이제스터Biodigestor라고 한다. 바이오다이제스터는 반응조Reactor와 가스 저장통Gas Holder, 필터, 밸브와 호스 등으로 구성되어 있다. 반응조 내부에서는 박테리아에 의해 혐기성 소화가 일어난다. 그런데 박테리아를 어디선가 가져와서 이식해야 한다. 주변에서 흔히 볼 수 있는 우분(소똥)에는 휘발성 산 생성 박테리아와 메탄 생성 박테리아가 안정한 농도로 있어 박테리아 이식에 적합하다. 반응조 전체 체적의 60~70%를 물로 채우되, 우분을 소량 섞어서 넣는다. 탱크의 체적이 작을수록 비용은 덜 들지만, 큰 체적일수록 반응의 안정성이 증대된다. 이식된 박테리아는 초기에는 대기로부터 산소 공급과 내부에서 만들어지는 이산화탄소의 공급이 있어야 메탄을 생성할 수 있다. 따라서 이에 필요한 공간이 반응기 내에 있어야 한다. 박테리아를 투입한 지 10~20일 정도 지나면 우분이 분해되면서 메탄이 만들어지기 시작한다. 이때부터는 음식물을 조금씩 투입한다. 이때 되도록 잘게 썰어서 넣어야 미생물이 달라붙을 수 있는 면적이 넓게 되므로 소화에 유리하다. 만들어진 바이오가스는 반응조에 연결된 호스를 따라 이동하여 가스 저장통으로 들어간다. 이때 물을 통과하면서 저장통의 상부에 고이게 된다. 저장통은 크기가 다른 두 개의 통을 서로 엎어서 포개 놓은 구조이다. 아래 통에는 물을 채우고 위 통을 거꾸로 잠기게 놓는다. 아래 통에 연결된 호스를 따라 가스가

들어오면 물을 통과해서 통의 상부에 차게 되면서 거꾸로 잠겨 있는 위 통을 뜨게 만든다. 가스의 양이 많아질수록 통은 더 위로 떠오르는 구조이다. 보통 부유식 저장통의 구조를 설명한 것이다. 아래의 그림은 서울혁신파크에서 시도했던 바이오다이제스터의 구조를 보여 준다.

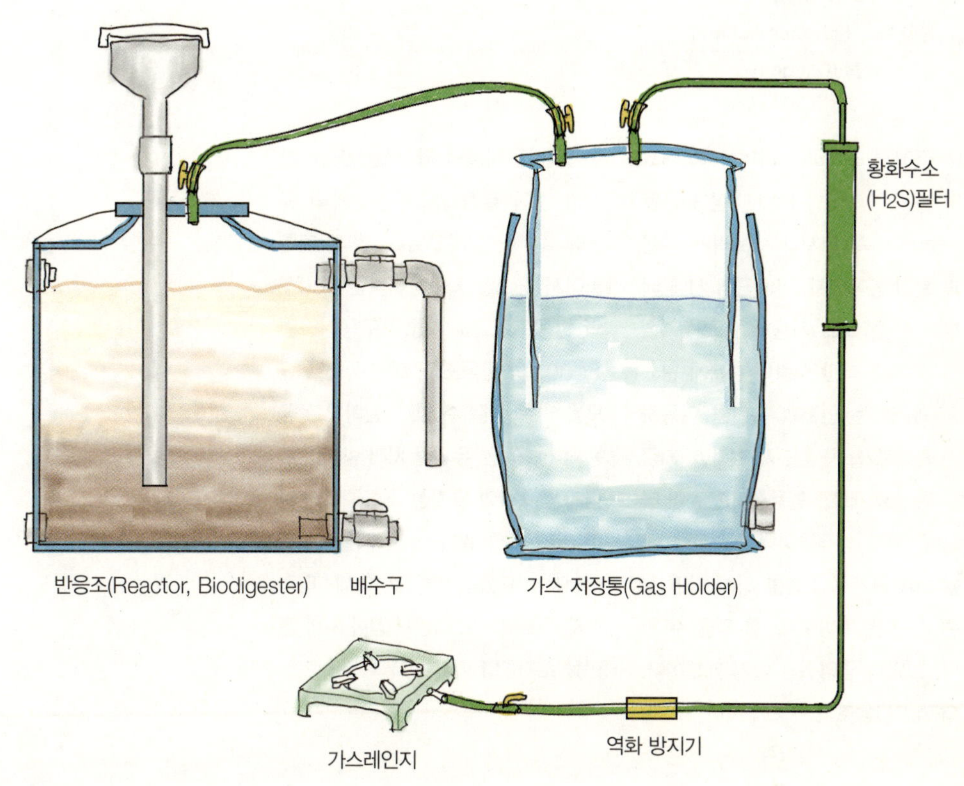

서울혁신파크에서 리빙랩 실험에 쓰였던 초기 디자인의 바이오다이제스터

저장된 바이오가스는 가스레인지를 연결하여 음식을 조리할 때 연료로 사용할 수 있다. 바이오가스의 주성분은 메탄으로, 일반 가정에서 쓰는 도시가스의 주성분인 메탄과 같다. 다만 미생물이 유기질을 소화해서 배출하는 가스라는 점이 석유 메탄과 다른 점이다. 바이오가스 중에는 메탄이 50~75% 함유되어 있다. 메탄뿐만 아니라 이산화탄소나 질소, 수소 등 다양한 성분이 들어 있어서 합성 가스Synthetic Gas라고도 한다. 다음의 표는 합성 가스의 주요 성분들을 보여 준다. 무기질의 영양소로 가득한 액체는 고농도의 비료로서 식물 재배에 유용하게 쓰인다. 따라서 투입된 음식물 쓰레기는 바이오가스와 액비, 그리고 분해되지 않는 소량의 고형 물질로 분해되는 셈이다.

〈합성 가스의 주요 성분과 함유량❺〉

주요 성분	분자식	함유량(%)
메탄(Methane)	CH_4	50~75
이산화탄소(Carbon dioxide)	CO_2	25~50
질소(Nitrogen)	N_2	0~10
수소(Hydrogen)	H_2	0~1
황화수소(Hydrogen sulfide)	H_2S	0.1~0.5
산소(Oxygen)	O_2	0~0.5

이 글에서 소개하는 바이오다이제스터 방식은 이미 100년 이상 검증된 기술이다. 즉, 아시아, 아프리카, 유럽과 북미 등지에서 이미 근대 시대 때부터 전통적으로 사용되어 오던 기술인 것이다. 다만 식량이 충분치 않았던 과거에는 인분과 축분을 이용하여 바이오가스를 얻고자 했다면, 지금은 음식물 재료를 활용한다는 점이 다르다. 남는 음식물이나 식재료를 이용하여 혐기성 소화를 하게 되면 훨씬 더 많은 바이오가스를 얻을 수 있다. 그만큼 영양소가 많기 때문이다. 더구나 반응조의 규모에 따라 처리할 수 있는 음식물의 양과 생산되는 가스의 양이 결정되므로 공동체의 규모에 맞추어 설계할 수도 있다. 예를 들어서 1~2인 가구용이라면 500ℓ의 반응조를, 3~4인 가구용이라면 1,000ℓ의 반응조를 갖는 식으로 규모를 키워 나갈 수 있다. 한마디로 공동체 친화적인 유기물 처리 방식이다. 혐기성 소화와 호기성 소화를 비교하면 아래 표와 같다. 또한 서울혁신파크에서 시도했던 바이오다이제스터의 실제 구조와 가스레인지 점화 시험 장면을 소개한다.

〈호기성 소화와 혐기성 소화의 장단점 비교〉

구분	호기성 소화	혐기성 소화
장점	· 반응 시간이 짧다. 즉 분해 속도가 빠르다. (체류 시간이 수 시간 내외로 짧다.) · 초기 설비 비용 저렴 · 소용량 운전 가능	· 에너지 소비량이 적어 시설 유지비 저렴 · 고농도 유기물 처리 유리 (1만ppm 이상) · 별도의 산소 공급 불필요 · 바이오가스와 액비 등 유용한 결과물
단점	· 충분한 산소 공급을 필요로 한다. → 에너지 소비 과다 · 고농도 유기물 처리 곤란 (1천ppm 이하)	· 반응 시간이 길다. 즉 분해 속도가 더디다. (보통 체류 시간 : 20~60일) · 저농도 유기물 처리 효율 낮다. · 소화조 가온 필요 · 유지 관리 기술 필요
활용	· 호기성 퇴비화, 호기성 하수 처리	· 바이오가스, 소화가스, 혐기성 하수 처리

❺ 영문 위키로부터 재인용.
www.kolumbus.fi, 2007

프로토타입의 바이오다이제스터(서울혁신파크 리빙랩, 2018)

생산된 바이오가스 점화 실험에서 확인된 청정한 연소 불꽃(서울혁신파크 리빙랩, 2018)

맺는 글

기후 변화 시대에 직면하고 있는 지금 문제들의 원인은 분명하다. 아무리 과학 기술이 발달하고, 산업 경제가 고도로 성장한다고 해도 한번 망가진 지구를 되돌릴 수는 없다. 특히 대량으로 식량을 생산하는 농업 등 산업 활동은 지구의 자연스런 순환을 단절시켜 심각한 부작용을 초래하고 있다. 인위적으로 뿌려 대는 화학 비료로 인해 지구의 탄소, 질소, 인의 과잉 상태가 이미 위험 영역에 진입해 있다. 더 이상 인위적 화학 물질이 생태계에 투입되는 일은 없어야 한다. 이 글에서는 생활 속에서 발생하는 유기성 쓰레기를 발효시켜서 생태적으로 처리하는 방안을 대안으로 제시하였다. 미생물 소화화를 통해서 자연으로 돌아갈 수 있는 무기질과 에너지원으로 환원하는 원리들을 고찰해 본 것이다. 제안한 방식을 지역과 공동체 내에서 폭넓게 적용할 수 있다면, 유기물로부터 에너지를 뽑아 쓰면서 동시에 건강한 퇴비를 얻어서 화학 비료를 대체할 수 있다. 생태적으로 매우 친화적이면서도, 실천하는 데 그다지 어려움이 따르지 않는 방식들이다. 자연의 순환에 부응하는 방식으로의 문명 전환, 더 이상 미룰 수 없는 긴급한 과제라는 점을 다시 한번 강조하고 싶다.

나만의 지도를 갖는다는 것

황자양(Fromto) release02@gmail.com
도시와 관계된 일을 합니다. 지자체의 관광 지도와 가이드북 등을 만드는 곳에서 기획자로, 도시재생현장지원센터에서 코디네이터로 일했습니다. '오래된 도시의 매래, 세운상가를 말하다', '홍합망, 10개의 지도와 이야기들' 전시를 기획·진행했습니다. 지역 아카이빙과 지도 제작에 관심이 많고, 개인들의 사적인 기억과 경험을 바탕으로 지도 만드는 일을 계속해 보고자 합니다.

우리에게 지도는?

백과사전에서 지도map, 地圖의 의미를 찾아보면 '공간의 표상을 일정한 형식을 이용해 표현한 것' 혹은 '지표의 일부 또는 전체를 축소시켜 각종 기호와 문자를 사용해 평면에 그림으로 표현한 것' 등의 설명을 볼 수 있습니다. 쉽게 말해 우리가 밟고 있는 이 땅의 모양, 행정 구역 간의 경계, 땅의 용도, 어느 곳으로 산줄기·물줄기·길이나 있는지 등의 객관적인 정보를 제공하는 수단인 것이죠.

이것은 오래전부터 내려오는 사전적인 의미이며 현재도 적용됩니다. 1990년대 후반에 출시된 내비게이션으로 인해 모든 차의 운전석이나 조수석 뒷자리에 꽂혀 있던 지도책들은 그 쓰임을 다하게 되었지만, 부동산이나 행정 기관에 걸려 있는 지도들의 생명력은 여전하고 그 의미 또한 변치 않았죠.

물론 인터넷이나 스마트폰 같은 기기는 더욱 편리한 형태로 진화하여 지도 서비스를 제공하고 있습니다. 구글 어스는 정말 눈이 휘둥그레질 정도의 정교함과 현실감 있는 서비스를 제공하고 있고요. 또한 지도는 위치 기반의 정보를 효과적으로 제공할 수 있다는 특성 때문에 '배리어프리barrierfree 지도', '화장실 지도'와 같이 특정한 정보를 제공하기 위한 수단으로도 쓰이고 있습니다. 이처럼 지금은 우리가 상상할 수 없을 정도로 다양한 목적을 가진 지도들을 만나 볼 수 있죠.

전북 군산 무장애 지도

서울 망원동 무장애 지도

서울 연남동 무장애 지도

	건 물 명	개방시간
1	광화문빌딩	상 시
2	세종로파출소	상 시
3	조선일보빌딩	상 시
4	대한성공회서울교구	~22:00
5	서울파이낸스센터	상 시
6	한국정보화진흥원	~23:00
7	서울신문사비(한국프레스센터)	~24:00
8	더익스체인지빌딩	~24:00
9	시그너스빌딩	~20:00
10	광일빌딩	~21:00
11	태평로파출소	상 시
12	시청역 1호선	~01:00
13	서울도서관	~18:00
14	시민청(B1)	상 시
15	시청지하상가(시티몰)	~01:00
16	금세기빌딩	~22:00
17	시청역 2호선	~01:00
18	서소문파출소	상 시
19	시청 서소문청사	상 시
20	KFC 서소문점	~22:00
21	한화금융네트워크(후문 이용)	~24:00
22	한화빌딩	~24:00
23	성원빌딩	~22:00
24	명동지하상가	~24:00

서울광장 주변 화장실 위치도

나에게 있어 지도란?

어렸을 때부터 저는 지도를 참 좋아했습니다. 사회과부도 책과 지리부도 책을 닳도록 보면서 '내가 살던 전주시는 특별시나 직할시('광역시'의 전 이름)가 아닌 곳 중에는 인구가 몇 번째이며, 어느 시의 행정 구역의 넓이가 어느 정도이다'와 같은 것들을 달달 외우고 다녔을 만큼이요. 당시 저에겐 그 두 책의 내용이 가장 큰 관심사이자 재미였습니다. 〈심시티 SimCity〉와 같은 게임을 할 때는 가상의 도시를 상상해 지도를 만들고, 행정 구역의 이름도 지어서 붙여 보기도 했습니다. '내가 만든 이 도시는 인구가 어느 정도이고, 어떤 산업이 발달한 도시일 것이다' 같은 상상을 하면서 말이죠.

왜 그토록 지도에 많은 관심을 가졌는지 그 이유는 잘 모르겠지만 어렸을 때 지도는 항상 제게 즐거움을 주는 것이었습니다. 이후 고등학교에 진학하고, 대학을 졸업할 때까지 다른 관심사가 생기면서 한참 동안 지도로부터 멀어졌습니다.

대학 졸업 후 서울로 올라와 다양한 종류의 어려움을 겪고 방향을 찾지 못하고 있을 때, 다시 지도 회사를 발견했습니다. 그곳에 4년여를 몸담으며 하고 싶은 일을 나름대로 즐겁게 해 왔고요.

그런데 시간이 지날수록 콘텐츠를 제작하는 데 필요한 중요한 결정이 행정의 편의에 의해 정해지는 것을 견디지 못하게 되었습니다. 최선의 결과를 내는 것보다는 눈앞에 보이는 당장의 성과를 최우선으로 하여 사업이 진행된다든지, 최고의 디자인 안목을 가졌다고는 볼 수 없는 해당 부서의 장이 콘텐츠의 디자인을 결정한다든지 하는 문제 등을요. 업무를 하는 당사자로서 동기 부여가 떨어지고 의욕을 잃게 하는 이런 일들을 많이 경험했습니다. 지도 만드는 일을 너무 좋아하고 관련 일을 계속하고 싶은데 어떻게 할까 고민이 깊어졌습니다.

그러다 내가 원하는 지도를 직접 만들고 싶다는 생각이 들었습니다. 그 욕구가 점점 더 강해지자 지극히 제 개인적인 기억과 경험에 근거한 지도를 만들어 보기 시작했고요. 제 최초의 기억인 예닐곱 무렵의 전주시 동서학동 이야기, 처음 서울에 올라와서 살았던 망원역에서 망원시장으로 이어지던 사잇길 이야기, 변해 가는 모습에 대한 생각을 기록한 당인동 부근 이야기 등을요.

사적인 지도

이를테면 그런 이야기였습니다. 유년 시절을 보낸 전주시 동서학동의 동네 풍경들 — 평일 유치원 버스를 타던 (구)임업시험장 앞, 돌아오는 나를 불러 세우고 노래를 시키시던 동네 할머니, 지금은 큰길로 바뀌었지만 당시에는 넓은 공터여서 동네 친구들과 형들과 야구하며 신나게 놀던 곳 — 에 관한 기억, 서울 마포구 망원동의 망원역 2번 출구에서 망원시장 입구 사이에 있는 단골 가게들, 그리고 그와 관련된 이야기 같은 것들 말입니다.

익숙하지 않은 실력으로 포토샵을 이용해 지도를 그리고 그 위에 저만의 이야기를 기록해 나갔습니다. 그런 방법으로 몇 개의 지도들을 더 만들었습니다. 지금은 다른 곳으로 옮겼지만, 제 첫 일터가 자리한 불광역 곳곳,

지도 회사를 다니기 전 직장 근처, 여러 가지의 모습이 있는 광화문 일대 등이었죠. 그곳에 얽혀 있는 저의 이야기를 지도를 기반으로 풀어 낸 것입니다.

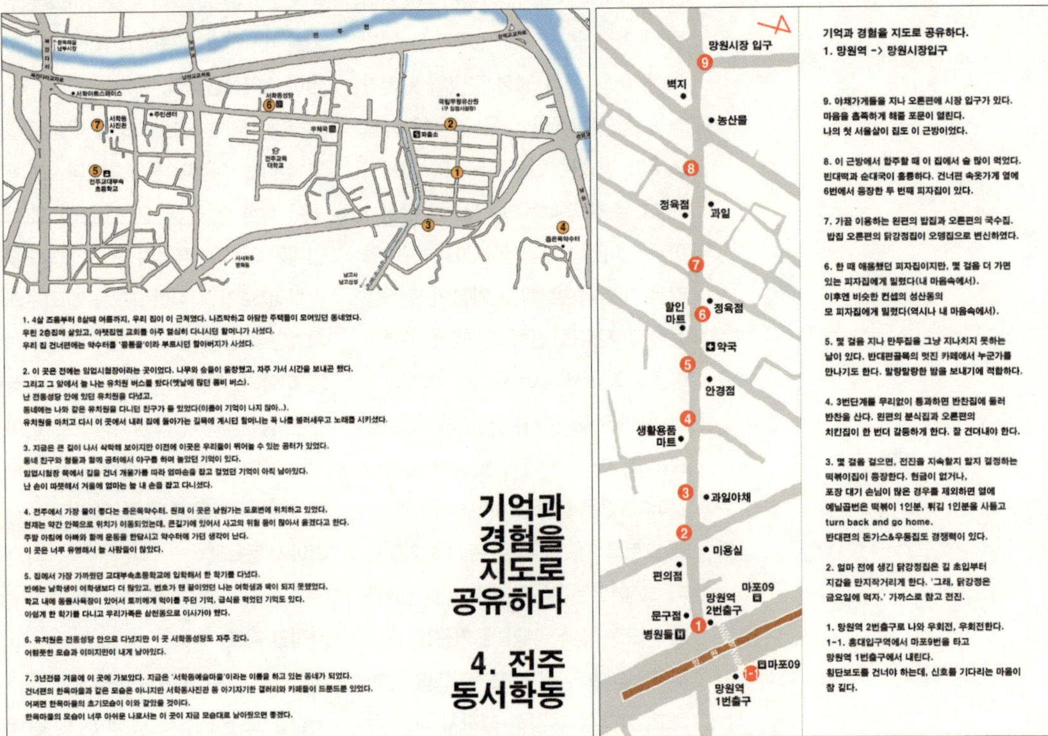

동서학동

망원역-망원시장

당인리-상수 카페거리

지극히 사적인 기억과 경험이 담겨 있는 지도를 다른 사람들과도 함께 만들어 보고 싶은 생각이 들었습니다. 일에 치여 그 계획을 생각으로만 갖고 있었는데 올해 좋은 기회가 있어서 시도해 봤습니다.

홍합망, 10개의 지도와 이야기들

올해 4월 재미있는 사업 공고를 하나 발견했습니다. 서울시 청년허브에서 실행하는 청년 직업실험지원사업 '청년업'이었는데요. 덕업, 가업, 부업 3개의 분야로 청년의 직업 실험을 돕는 지원 사업이었습니다. 공고를 보자마자 지원해야겠다는 생각이 들 정도로 관심이 갔습니다. 3년 전쯤 제가 혼자서 만들어 봤던 사적인 지도를 함께 만들어 볼 수 있는 좋은 기회가 되리라 생각이 들어 바로 지원했습니다. 운이 좋았는지 선정되어 사업을 진행할 수 있었습니다.

지도를 만들 지역은 제가 서울에 올라온 후 대부분의 시간을 보낸 홍대-합정-망원 일대로 정했습니다. 그러고는 '홍대-합정-망원에서 사적인 지도 만들기'라는 이름으로 홍보물을 만들어 참여자들을 모으기 시작했습니다. 이런 사업을 진행할 때 가장 어려운 점이 바로 참여자를 모으는 일입니다. 걱정이 많았지만, 다행히도 '망원동 좋아요' 커뮤니티의 힘을 빌려 참여자를 모집할 수 있었습니다. 망원동에서 태어나 30년 넘게 살아온 분, 망원동을 기반으로 활동하는 일러스트레이터, 홍대 앞에서 20대를 보내고 여전히 인근에 거주하는 디자이너, 합정에서 전시 공간을 운영하는 예술가 등 다섯 분이 함께해 주었습니다. 그들과

한여름의 토요일에 모여 지역에 대해 이야기 나누고, 각자의 경험과 기억을 공유하는 워크숍을 가졌습니다.

태어나서부터 지금까지 망원동에서 30년 넘게 살아온 '망원동 J씨'는 어렸을 때 살던 집부터 초등학교 시절, 중학교 시절, 고등학교 시절을 거쳐 결혼해서 아이를 낳아 기르고 있는 현재까지 홍대-합정-망원에서 자신의 삶과 관계된 장소와 공간들에 대해 말했습니다. 지금은 사라졌거나 달라진 공간들에 대한 아쉬움, 그 일대에서 즐겁게 보낸 시간들에 대해 공유해 주었습니다. 망원동에 거주하는 일러스트레이터이며 이번 작업의 일러스트를 담당한 '일상소녀'는 본인이 살고 있는 망원동 골목의 인상적인 장소와 공간들을 주로 이야기해 주었습니다. 많이 상업화되었다고는 하지만 여전히 남아 있는 골목길의 모습들 — 평상 위에 앉아서 담소를 나누시는 동네 할머니들, 철학관 등 — 과 망원동의 갤러리들에 관한 이야기도 들려주었습니다. 이번 작업에서 편집 디자인을 맡은 'doris'는 홍대 앞에서 보낸 자신의 찬란한 20대의 시간들을, 이번 작품들을 전시한 공간의 운영자였던 '마포영우'는 본인이 살거나 활동했던 홍대–합정–망원 일대에서의 다양한 경험과 기억들을 나눠 주었습니다. 공통의 지역에서 개인의 다양한 경험과 기억을 켜켜이 쌓아 기록하면 수많은 이야기로 확장할 수 있겠다는 기획 의도와 잘 맞았습니다. 이런 이야기들이 모이면 우리가 좀 더 나은 삶의 방향을 찾고 고민하는 데 도움이 될 수 있겠다는 생각이 들었습니다.

이렇게 워크숍에서 나눈 이야기들을

바탕으로 참여자들 각자가 어떤 지도를 만들 것인지 정하고 협업을 통해 지도를 만드는 작업을 잘 마무리할 수 있었습니다. '망원동 J씨, 일상소녀, doris, 마포영우, lazyjayang' 이렇게 다섯 사람의 이야기가 10개의 지도로 만들어졌고, 지난 10월 10일부터 13일까지 합정동의 '지하소문'이라는 공간에서 전시회도 가졌습니다. 저희가 만든 지극히 사적인 지도를 한 번 감상해 보세요.

나의 망원동 _ 망원동 J씨

망원동 내골목 _ 일상소녀

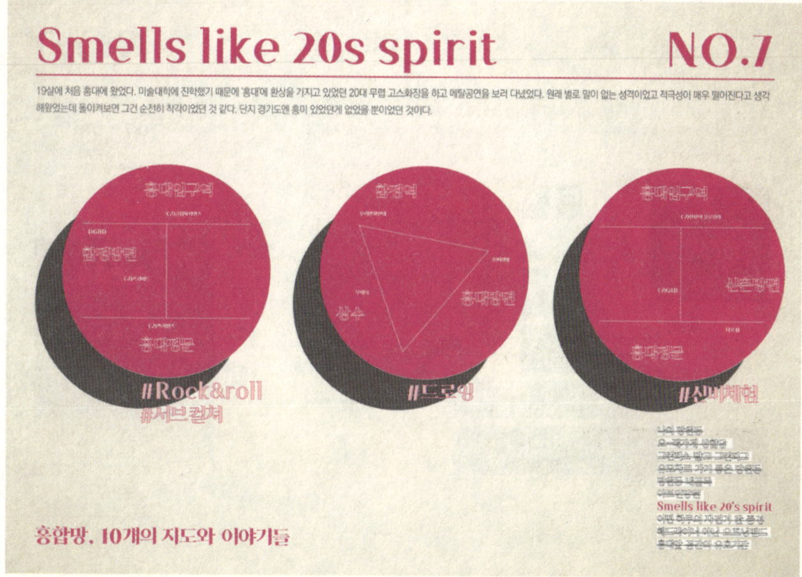

Smells like 20's spirit _ doris

어느 하루의 자전거 탄 풍경 _ 마포영우

헤드라이너 아닌 오프닝밴드 _ lazyjayang

홍대 앞 공간의 유효 기간 _ lazyjayang

저도 직접 홍대와 관련된 2개의 지도를 만들었습니다. 처음으로 홍대 앞에서 공연했던 날의 기억에 관한 이야기와 자꾸만 사라지고 변해 가는 홍대 앞 공간에 대한 이야기입니다. 전시의 아홉 번째 지도인 '헤드라이너 아닌 오프닝밴드'는 지금은 사라진 서교 지하보도에서 열렸던 2008년 프린지 페스티벌 공연에 관한 제 이야기입니다. 난생처음 홍대 앞에 와서 공연을 한 서툴렀던 제 모습과 그날 공연에 대한 상세한 이야기를 지도 안에 담았습니다. 살아가며 특정한 하루가 온전히 기억나는 날이 별로 없는데, 그날은 제게 아주 특별했던 날인 만큼 여전히 하루의 대부분이 선명하게 기억납니다. 당시 공연 팀들 중 가장 초보였던 저희는 공연의 헤드라이너가 아닌 오프닝밴드였습니다. 전시의 마지막 열 번째 지도인 '홍대 앞 공간의 유효 기간'에는 제가 좋아하고 자주 이용했던 공간들에 대한 이야기를 담았습니다. 이제는 사라진 공간, 다른 곳으로 이전한 공간, 그리고 10년 넘게 유지하고 있는 공간들에 대한 소개도 있고요.

참여한 다른 분들도 공히 말씀해 주신 내용인데, 이 작업에 참여하면서 저의 지난날들을 돌아보게 되었습니다. 지도를 놓고 이야기해 보니 저에게 인상 깊은 일이었지만 잊고 있던 이야기들도 많았고, 서울에 올라와서 지낸 지난 10여 년의 시간들을 정리해 볼 수 있는 기회도 되었습니다.

앞으로의 이야기

지도 작업과 전시까지 잘 마쳤고, 청년허브의 청년업 사업도 잘 마무리하였습니다. 그렇다면 이제 남은 이야기는 무엇일까요?

앞으로 다가올 세상에서 지도는 우리에게 어떤 의미가 될까? 지도를 통해서 나는 어떤 직업 실험을 할 수 있을 것인가? 이 같은 질문이 제게 남습니다. 후자의 질문은 청년허브의 청년업 사업이 가진 본 목적이기도 하며 요즘 저를 계속 괴롭히는 질문입니다.

두 가지 질문에 대한 동일한 답으로 제가 생각하고 있는 것은, 지도가 개인 혹은 어떤 집단의 이야기를 담는 그릇이 되었으면 좋겠다는 것입니다. 위치 정보를 손쉽게 표현할 수 있고, 정형화된 형태가 없어 다양한 이야기를 담을 수 있으며, 웹이나 스마트폰 애플리케이션 등 다양한 모습으로 구현할 수 있기 때문에 그 형태도 무궁무진할 것입니다. 제 개인적인 지도를 만들면서 '저마다 기억과 경험을 모아 각자의 지도를 만든다면 얼마나 멋진 일이 될까?' 하고 생각했는데, 실현된 것처럼요. 이번 참여자분들과 함께 홍대-합정-망원이라는 지역을 기반으로 그 작은 결실을 맺었으니까요.

앞으로 더 많은 분들과 다양한 삶의 이야기를 기록하며 자신만의 지도를 만들어 보는 일을 계속해 나가고 싶습니다. 나의 역사, 빛났던 날들에 대한 기록, 너무 아쉬워 애써 기억하고 싶은 시간의 흔적 등을 나만의 지도에 남겨 모두 각자의 지도를 갖는 날을 기대해 봅니다. 🔵

미장, ○○이다
- 후기청소년일학교 1기, 미장학교 지상 갤러리

화경 ghk727@icloud.com
크리킨디센터 하자작업장학교 청년작업장. 노래를 쓰고 짓고 부르며, 흙미장을 열심히 하고 있습니다.

서툰 손으로 반죽을 하고 조심스럽게 벽에 흙을 발랐던 기억. 그로부터 4년이 지나는 지금까지 조금씩, 꾸준히 미장을 하며 미장공방의 매니저라는 이름을 달고 크리킨디센터에서 지내고 있다. 본격적으로 미장공방을 운영하며 내 손을 훈련시키는 과정과 미장을 가르치는 작업이 늘었다. 마스터 클래스와 여러 번의 박람회, 일일 프로그램과 단기 워크숍을 진행하며 많은 사람들과 흙을 만지며 시간을 보냈다. 그렇지만 하루에서 길게는 일주일 정도의 시간을 함께하고 헤어지는 프로그램 속에서 매번 큰 아쉬움이 남았다. 더 볼 수 있으면 좋을 텐데 싶은 사람들, 시간이 부족해 같이 끝내지 못한 작업들 때문이다. 못내 인사를 나누고 혼자 공방을 정리하고 있을 때면, '조금 더 긴 호흡으로 함께 공부하고 작업할 수 있는 기회가 있으면 좋겠다' 하고 생각했다. 그러면서도 긴 호흡으로 새로운 사람들을 만나는 작업을 기획하는 게 쉽지는 않았다.

지난여름, '후기청소년일학교'라는 이름을 걸고 미장 과정을 열었다. 먹고 살기 바쁜 청년들에게 학교는 좀 부담스러운가? 내가 학교라는 타이틀을 감당할 수 있을까? 여러 걱정이 있었지만 다행스럽게도 몇 사람이 문을 두드려 주었다.

'3개월 전부는 어렵지만 참가하고 싶다', '토요일에만 수강이 가능한데 조정이 가능한가?' 등 상황이 여의치 않지만 그래도 미장 공부를 하고 싶다는 청년들의 응답이 참 반가웠다.

준비한 커리큘럼을 전면 개편해야 했지만, 고맙게도 흙건축연구소의 소유와 우리 공방의 마스터 수리가 기꺼이 일정을 조정해 주었다. 그리하여 매주 토요일 하루씩 만나 미장을 공부하는 4개월 과정의 미장학교 1기를 시작할 수 있었다. 8월은 수리, 9월은 소유, 10월은 다시 수리가 수업을 진행하고 11월에 전시 작업까지 계획했다. 두 사람은 비슷한 내용의 강의들이 있는 것 같다며 걱정했지만, 스타일이 정말 많이 달라서 비슷한 내용일지라도 다른 배울 점들이 있었다. 수리와는 몸을 뜨겁게 달궜고 소유와는 머리를 뜨겁게 달구는 시간을 가졌다고나 할까?

8월 수리의 수업은, 재료의 손질을 시작으로 일일이 반죽을 만들어 보고, 초벌 미장부터 마감 미장까지 단계별로 공정을 모두 경험할 수 있게 진행됐다. 손으로 흙을 만나고 작업을 통해 감각을 일깨우는 과정이었다. 미장을 직접 해 보기 전에 이론과 기초 개념들을 들으면 나중에 정말 몇 단어도 기억에 남지 않는다. 나도 수리의 흙미장 기초 강의를 수십 번 들었는데, 대여섯 번 들었을 때도 내용을 전부 이해하지는 못했다. 그만큼 기술이라는 게 직접 해 보지 않으면 아무리 보고 들어도 소화시킬 수 없는 부분이 있다. 더구나 미장을 처음 해 보는 이들이었고, 몸 쓰는 일을 간만에 해 보는 청년들이어서 손의 감각을 통한 아이스 브레이킹을 시도했다. 이렇게 첫 한 달은 이론보다는 '우선 해 본다'는 마음으로 굳어진 손을 쓰며 흙과 흙반죽에 대한 감을 키우고 각자의 속도에 맞춰 흙손을 다루는 법을 익혔다. 참가자들이 한 개의 미장 판을 가득 채우고 나자 9월, 소유와의 수업이 시작되었다.

수리와는 주로 실습을 통해 실험을 진행하고 이후에 필요한 이론을 찾아보며 공부했다면, 소유와는 흙미장을 포함해 흙건축 전반을 아우르는 아주 풍부한 이론과 개념을 공부했다. 흙건축의 역사, 흙이 가지고 있는 건축재로서의 가능성, 흙건축의 철학, 최밀 충전, 흙건축의 다양한 공법 등. 매 수업마다 한 번씩 모니터 앞에 앉아 다양한 자료와 이론들을 살펴보는 시간을 가졌는데, 참가자들은 그때마다 새롭게 알게 된 정보에 탄성을 질렀다. 궁금한 부분은 남기지 않고 서로 질문하며 틈을 내 실험을 해 보기도 했다. 단순히 이론을 공부하고 그치는 게 아니라 배운 내용을 작업에 적용해 보며 즐겁고 유익하게 공부한 것이다.

10월에는 다시 수리와 함께 다양한 종류의 미장 기법들을 접해 보고, 그 기법들을 활용한 소작업(흙공, scagliola, tadelakt)을 진행했다.

마지막으로 미장학교의 수료 전시! 어떤 주제가 우리의 이야기를 잘 표현할 수 있을까? 수업 리뷰와 함께 많은 이야기가 오고 갔다. 누군가는 도시에서 사라진 흙, 모래와 같은 자연물들과의 관계를 '회복'하는 시간이었다고 말했다. 다른 누군가는 처음으로 해 보는 미장, 그래서 '처음과 시작'이라는 단어 자체에 집중한 경험이었다고 이야기했다. 나에게는 흙이라는 재료를 새로운 시각으로 바라보고 작업하며 미장을 '다시 만나는' 터닝 포인트가 되었다. 같은 시간 동안 같은 경험을 한 줄 알았는데 모두에게 다른 의미로 다가왔다는 게 신기하고 재미있었다. 하지만 그만큼 전시 주제를 좁혀 가기가 어려웠다. 며칠을 계속 고민하다, 어렸을 때 즐겨 보던 방송에서 자주 썼던 문구가 떠올랐다. '△△은 ○○이다.' 이 문장에서 영감을 받아 제안하게 된 것이 우리의 전시 주제이자, 제목이 되었다.

미장, ○○이다

나이도 성별도 살아온 궤적도 모두 달랐던 만큼, 각기 다른 우리의 경험과 이야기를 축약해 빈칸을 채워 작품을 만들고 글을 써 모아 보기로 했다. 작업과 글이 나오기 전까지는 서로의 빈칸을 모르는 상태였기 때문에 아주 흥미진진하게 전시를 준비했다. 크리킨디센터 입구의 벽화를 포함해 수업에서 만들었던 작품들과 개별로 만든 작품들을 선별해 전시했다. 12월 중순까지 전시가 진행될 예정이지만, 걸음하기 어려운 분들을 위해 몇몇 작품을 지면에 소개한다.

이 외에도 흙 화분, 연마 도기 등 다양한 소작업들과 판 작업을 전시하고 있다. 그리고 교육과정을 마치며 각자의 소회를 담은 글을 썼는데, 짧고 굵은 솜이의 글을 살짝 보여 드리며 수료 소식을 이만 전하고자 한다.

미장, 손때 묻은 만족감이다

어릴 적 친구들과 놀이터에서 함정을 만든다며 옷소매부터 손끝까지 모래를 잔뜩 묻히며 땅을 파내며 놀던 기억이 난다. 시간이 지나 학원을 다닐 정도의 나이가 되자 흙을 만지는 행위는 점점 낯설어졌다.

성인이 된 이후, 뜨내기 같은 생활 속에서 먹고 자는 내 작은 원룸조차 잊어버린 공간으로 공허하게 기억되는 경우가 많다. 흙으로 벽을 채워 가며 무심히 지나친 공간들에 대해 천천히 생각해 본다. 까끌거리는 감촉과 달리 매끄럽게 발려 가는 흙 반죽을 보면서 나도 모르던 결핍이 조금은 채워지는 기분이다.

미장을 하면서 분명해진 지점은 어떤 형식으로든 생활과 분리된 삶은 생명에 대한 감사함을 잊을 수밖에 없다는 것이다. 도시 안에선 자연이든 인간이든 극히 제한된 공간에서 살아갈 수밖에 없다. 결국 내 손으로 꾸리며 사는 생활이 한정됨으로써 축적되는 욕구 불만은 왜곡된 형태로 표출되기 마련이다.

어쩌면 놀이터의 색 바랜 기억은 의식하지 못한 채 지금까지 이어진 향수일지도 모른다. 미숙한 손길로 흙을 반죽하고 바르며 느낀 건, 어릴 적 함정처럼 내 손을 써 가며 만들어 가는 손때 묻은 작은 공간에 대한 만족감이 아닐까 생각해 본다.

이 외에도 다른 작품들과, 수료자들의 글이 궁금하다면 한번 시간을 내어 크리킨디센터에 방문해 주시라.

미장학교는 끝났지만, 어떻게 하면 함

께 작업을 계속할 수 있을지 고민을 나누고 있다. 멤버십, 탐방 기행 등 어떤 형태일지 또 얼마나 시간을 함께 할 수 있을지 모두 명확하지 않지만, 간만에 만난 동료들과의 인연을 잘 엮어 가려 한다. 솜, 정우, 선우, 소유, 수리, 무브, 쇼 모두에게 큰 감사의 마음을 전하며, 또 만나요!

솜 - 미장, 손때 묻은 만족감이다.
정우 - 미장, 끝이지만
시작이기도 하다.
화경 - 미장, 다시 만나다.

Basic _ 쇼

수많은 기법과 흐름 속, 가장 기본적인 방식의 보랏빛 벽.
백토, 모래, 섬유재, 안료. 흙손으로 질감을 표현한 기초 흙미장.

언제 끝날까? _ 정우

언제 끝날지 모르는 계속되는 바다. 파도의 물결.
백토, 모래, 섬유재, 안료. 붓을 이용해 표현적 기법을 더한 흙미장.

지구 _ 솜, 화경

우리의 지구. 모두의 지구. 초록빛 지구를 지키고픈 마음.
황토, 모래, 섬유재, 안료, 석고, 아교풀. 흙미장과 scagliola(석고치장미장)를 응용한 미장.

파랑에 관하여 _ 솜

사심을 담은 색 파랑. 개인적으로 참 좋아하는 파랑. 단순한 구조와 색 조화를 통해
그 안에서 구성된 파란색의 또 다른 가능성을 찾아보고자 한다.
백토, 모래, 섬유재, 안료. 백토를 이용해 밝은 색감을 살린 흙미장.

연결 _ 화경

비슷한 듯 다른 결이 맞닿아 흘러간다. 꼭 마주 보지 않아도, 함께하고 있는 연결.
황토, 모래, 섬유재, 안료. 기초 흙미장을 응용한 입체적 작업.

레드홀 _ 수리

강렬한 붉은색 무늬가 특징인 흙미장.
황토, 모래, 섬유재, 안료.

소유와 함께 작업한 흙액자.

대리석 같은 무늬의 scagliola.

솜이 가장 열심히 빚은 다양한 흙공.

연재

삶의 기술과 손의 기억

최원형 wisechae88@gmail.com
본지 기획위원. 우연한 기회에 멋진 자작나무 한 그루에 그만 반했습니다. 자작나무를 따라가다 숲을 발견했고 여름 숲에서 아름답게 노래하는 큰유리새를 만났습니다. 내가 누렸던 자연이 가능하면 온전히 다음 세대로 이어질 방법을 찾고 있습니다. 사람들과 패러다임 전환에 관한 이야기를 나누고 짬짬이 글쓰기를 즐깁니다. 서울시 에너지정책위원회 시민 교육 소통분과 위원이며 불교생태콘텐츠연구소 소장으로 일하고 있습니다. 《세상은 보이지 않는 끈으로 연결되어 있다》 등 몇 권의 책을 썼습니다.

오지 않은 시간을 상상한다는 것은 열정이 있어야 가능하다. 세상 돌아가는 일이 바람대로 되지 않는다는 걸 알면 알수록 미래에 대한 상상 대신 지나간 기억을 꺼내는 일이 잦아진다. 세상은 점점 빠른 속도로 변하고 있고 그걸 따라가는 일은 버겁기만 하다. 정보 통신 기술은 상상한 적도 없는 세상을 날마다 펼쳐 보여 준다. 인간이 점점 소외되고 밀려난 자리에 들어선 기술마저 일회용처럼 쓰이고 버려지는 게 아닌가 싶다. 대체 누가 이런 속도와 변화를 원하는지 묻고 싶을 때가 있다. 꽤나 충격적이었던 한 장면이 떠오른다. 전철 환승역에서 새까만 머리가 끝도 없이 꾸역꾸역 올라오는 계단은 커다란 동물 한 마리가 꿈틀대는 것만 같았다. 내려가는 통로까지 올라오는 사람들로 꽉 채워져 발을 내딛지도 못하고 사람들이 다 빠질 때까지 그 자리에 우두커니 서서 기다렸다. 기다리는 동안 대체 이 많은 사람들은 어디를 향해 무엇을 향해 가고 있는 걸까 하는 생각이 들었다. 아직 십 대이던 퇴계는 어느 날 만 권의 책을 홀로 즐기던 끝에 사물의 근원과 마주한다. 그것은 '나는 어떤 세상에 살고 있는 어떠한 존재이며, 그렇기에 나는 어떠한 자세로 어떻게 살아야 하나?' 하는 근원적 물음이었으리라. 이토록 빠르게 돌아가는 세상에서, 만 권의 책이 주는 즐거움은 언감생심인 세상에서 우리는 스스로에게 어떤 질문을 던지며 살고 있는 걸까?

열정을 쏟을 일이 기다리는 직장으로 가는 사람도 있을 테지만 당장 집어치우고 싶어도 대안이 없어 또 하루를 출근하는 사람도 있을 테다. 대부분은 그렇게 참고 사는 게 삶이라고 스스로를 속이며 버티고 있는지도 모르겠다. 드물게는 그런 통념에 개의치 않고 자신이 원하는 삶을 능동태로 선택하며 사는 사람도 있다. 'Play AT-생활기술과 놀이멋짓' 연구소장, '서울혁신파크 옥상공유지 열린 옥상' 감사, '(사)한국흙건축연구회' 기술이사, '크리킨디센터 미장공방' 마스터, 거기에 더해 '베틀베틀 직조작작' 코디네이터라는 이 많은 직함을 갖고 있는 사람, 김성원이 그렇다. 개성 가득한 직함들이 그의 활동 반경을 보여 준다. 반백을 넘

긴 나이에 머리칼은 희끗하지만 내재된 열정이 불쑥불쑥 느껴지는, 그래서 여전히 소년 같은 김성원을 만났다. 삼십 대 후반에 직장이란 걸 그의 표현대로 '때려치우기' 전까지 김성원의 이력은 다채로웠다. 인터넷 비즈니스 컨설팅, 온라인 쇼핑몰, 백화점 그리고 인터넷 광고 회사에 이르기까지 소위 자본의 첨단을 두루 다 섭렵했다고 해도 지나치지 않겠다. 그런데 어느 순간 그 모든 게 재미없어졌다고 했다.

김성원

"타고난 기질이 어떤 조직에 있든 늘 스스로 플레이어가 되려고 해요. 위계적이고 시스템 안에 갇히는 걸 싫어하거든요. 억압에 대한 반감이 있죠. 남으로부터 억압받는 것도 싫고 남을 억압하는 것도 싫어해요. 늘 자기 주도적으로 할 수 있는 일을 하려고 했어요. 직장을 옮길 때 내 나름으로 갖고 있는 기준은 좀 더 인간적이고 재미난 것, 좀 더 열정을 쏟을 수 있는지 여부였어요. 자율성을 원했으니까요. 그런 게 사라지면 너무 힘들거든요. 마지막으로 직장을 그만둘 때는 '열정이 다 사라져서 이대로 있다가는 죽겠구나' 그런 생각을 했어요."

김성원은 직장을 접는 일에만 과감했던 게 아니다. 경기도 고양시 일산에서 전남 장흥으로 주거지를 옮기고 12년을 살다가 최근 다시 경기도 파주로 삶터를 또 옮겨 왔다. 세상 사람의 절반은 위계적인 걸 싫어하고 자기 주도적으로 살고 싶어 하고 자유를 갈망하기도 할 것이다. 어쩌면 절반 이상, 아니 대부분이 그걸 원할지도 모른다. 그렇지만 자신이 원하는 삶을 살지 않는다는 걸 알면서도 현재의 삶을 놔 버리지 못한다. 그렇다면 그들이 못 놓는 걸 김성원은 쉽게 놔 버릴 수 있는 차이는 어디서 기인하는 걸까?

"저라고 왜 미래에 대한 불안감이 없겠어요? 직장은 아편과 같아서 그만두면 삶을 더 이상 유지하지 못할 것 같죠. 지금의 소비, 지금의 생활에 지나치게 익숙해져 있기 때문에 던지는 일에 머뭇거릴 수밖에 없을 거예요. 현재 누리고 있는 편안함과 생활의 수준을 포기할 각오가 없기 때문에 오는 머뭇거림일 수도 있고요. 불안이라고 하는 것, 불안정이라고 하는 것을 맞닥뜨릴 자신감이 없는 거죠. 물론 무책임할 수도 있고 대책 없는 것일 수도 있어요. 그런데 그걸 용기 내어 던져 보는 게 필요하다고 생각해요. 삶을 전환한다는 것은 그런 것 같아요. 인생이라는 게 무엇 하나 확실한 게 있나요? 저 역시 이렇게 살 거라는 걸 누가 알았겠어요? 어디 계획대로 살아지던가요? 그래서 더 재미있는 것일 수도 있고요. 저는 밑바닥으로 내려가 본 경험이 몇 번 있어요. 그런데 성실하게 무언가에 관심을 갖고 하다 보니 다시 튀어 오르는 경험도 여러 번 했어요. 그러니 두려움이 덜한 거죠. 이미 경험이 있으니까."

하루하루가 돌을 쌓듯이 미래를 규정한다고 했다. 거기에 굉장히 우연적인 요소들이 개입해 오는 게 인생이더라고 그는 말했다. 움츠려야 도약할 수 있는 걸까? 장흥에서 이런저런 것들을 탐색하고 몰두하며 지냈던 시간을 지금 꺼내 쓰는 중이라고 했다. 젊은 날에도 몇 년 열심히 파고들며 공부한 그 힘으로 한동안 살았던 경험이 그에게는 있다. 계속 달리기만 해서는 방향을 전환할 수가 없다고 한다. 일단 멈추거나 적어도 속도를 늦춰야 방향을 바꿀 수 있는 것과 같은 이치다. 그래서 삶에 어떤 변화를 원한다면 적어도 두 가지를 바꿔 보길 권한다. 장소와 만나는 사람. 그게 달라지면 삶이 새롭게 보이기 시작할 거라고.

도시라는 거대 기계

답답한 도시를 떠났던 그가 다시 돌아온 건 삶에 또 다른 전환이 필요했기 때문이라 했다. 그런데 왜 다시 도시일까? 2012년 전국을 강타했던 태풍 볼라벤은 기억 저편에서도 여전히 두렵다. 그때 처음으로 내가 살고 있는 도시의 민낯을 경험했으니까. 맥없이 부서져 내린 아파트 유리창이 뉴스 화면에 비쳤다. 전봇대를 쓰러뜨리고 나무도 뿌리째 뽑는 태풍이라지만 '견고한' 도시 아파트도 강타할 수 있다는 걸 눈으로 확인하는 시간이었다. 미디어마다 태풍의 피해를 최소화할 방법으로 창에 엑스 자 모양 테이프를 붙일 것을 권했다. 젖은 신문지가 효과적인지 아닌지로 설왕설래가 벌어지기도 했다. 인공 지능이 바둑 대국에서 인간을 이기고 소설을 쓰는 등 고도의 창작 영역까지 넘보는 소위 4차 산업 혁명의 시대 아니던가! 정보 통신 기술로 새로운 지평이 열리는 21세기라지만 여전히 인간은 자연 앞에 무기력하기 짝이 없는 존재다.

"전기가 끊어지자 집 안을 채우고 있던 전동음, 전자음, 기계음, 차가운 빛이 모두 자취를 감추었어요. 단전과 동시에 작동을 멈춰 버린 현대적인 기기에 의존한 생활의 취약함이 그대로 모습을 드러냈고 칠흑 같은 어둠 속에서 풀벌레 소리, 풀 사이를 스치는 바람 소리, 마당을 밟는 강아지 소리가 들리기 시작했어요. 어떤 답답함과 모순되는 깊은 평안함, 잊어버렸던 감각들이 일제히 각성되면서 한꺼번에 몰려들었던 거죠."

같은 '단절'을 경험했지만 전남 장흥에서 볼라벤을 맞닥뜨린 김성원은 잊어버렸던 감각들이 일제히 깨어나는 전혀 다른 결의 경험을 했다. 그 와중에 이토록이나 낭만적일 수가 있다니. 공간이 주는 힘도 무시할 순 없지만 이런 각성의 이면에는 오랜 시간 천착해 온 그의 철학이 있었기 때문은 아니었을까 싶다. 그러니 그에게 질문이 쏟아질 수밖에 없다. 그렇다면 도시에 살고 있는 사람들은 뭘 어떻게 해야 하나?

"얼마 전 동대문구에 있는 정수처리장에 우연히 갈 기회가 생겼어요. 서울 시민 45만 명에게 공급할 물을 정수하는 곳이죠. 만약 그 거대한 정수 시설에 문제가 생긴다면 그 물을 공급받던 시민들은 그냥 물이 끊기는 거잖아요. 도시란 생각해 보면 거대 기계예요. 그것도 허약하기 짝이 없는 기계라고 할까요. 모든 걸 다 외부에서 공급받고 있는 이런 기계에서 벗어날 방법을 찾아야 해요. 그러기 위해선 과거에 지역이 기술공동체였다는 걸 기억할 필요가 있어요. 기술도 개인, 지역, 사회, 국가 차원의 균형이 필요하거든요. 우리 사회가 급격히 산업화와 도시화 과정을 거치면서 거의 모든 기술을 기업과 정부가 담당해 버렸어요. 그러면서 개인과 지역공동체 차원의 생활 기술이 지나칠 정도로 소거돼 버렸거든요. 그 결과 지역 내부에서 기술 협력은 사라져 버렸고요. 지역공동체 내부에서 일어나는 교환과 거래도 당연히 축소될 수밖에 없어요. 그걸 회복하는 일이 필요하죠."

가끔 아파트에서 점검을 위해 의도적으로 정전시킬 때가 있다. 전기가 사라져 버린 집에서 할 수 있는 일이 거의 없다는 사실이 등줄기를 서늘케 한다. 전기가 없다면 결코 지을 엄두를 못 냈을 고층에 오르는 일부터 씻을 수도 마실 수도 심지어 화장실에서 생리 현상을 해결할 수조차 없다. 음식을 만드는 일도 전기가 끊긴 상태에서는 불가능하다. 안락하고 풍족하던 집이 단지 전기만 끊겼을 뿐인데 어쩌면 이토록 다른 모습일 수 있을까 싶다가 도시라는 곳을 다시 생각하게 됐다. 자립의 관점에서 바라보니 무엇 하나 내 힘으로 할 수 있는 게 없는 이 도시는 편리와 풍족의 공간이 아니라 덫이라는 생각이 들었다.

도시는 거대 시스템에 종속되어 가고 지역 상가는 대형 유통에 잠식당하는 중이다. 과거 나름의 통합성과 자족성을 가졌던 지역의 정주 환경은 이제 대부분의 기능을 상실한 채 베드타운으로 전락해 가고 있다. 도시든 지역이든 어딜 가나 비슷한 대형 유통점이 들어와 있고 아울렛이 들어와 있다. 이런 상황에서 요새 유행처럼 번지고 있는 마을 만들기든 공동체 복원이든 또는 공동체 협력이든 사실 기대하기가 어렵게 됐다고 김성원은 보고 있다. 근본부터 새로이 생각해야 한다는 얘기다. 지역공동체 내부의 기술과 생산, 교환을 복원하려는 도전이 필요하다는 의미다. 그리고 개인과 지역의 기술이라는 건 결국 지역공동체에 기반한 기술이어야 한다고 그는 다시 강조한다. 한 개인이 모든 기술을 다 갖출 수는 없다. 그러니 각자가 갖고 있는 한두 가지 기술로 서로 협력할 수밖에 없다는 얘기다. 지역에서 이러한 기반이 마련되고 힘이 쌓일 때 협력이 가능하고 공동체도 회복이 가능하다는 것은 사실 너무 당연한 얘기 아닐까. 그가 계속 도시의 리듬에 따라 살았다면 이런 문제들을 감각으로 먼저 의식할 수 있었을까?

"12년을 장흥에서 살다가 파주로 이사하고 아파트 생활을 하게 되었는데 아파트에서 할 수 있는 게 없더라고요. 오랜만에 돌아오니 도시를 다른 눈으로 볼 수 있었어요. 도시의 삶이 너무 분절돼 있구나, 사람들이 너무 바쁘구나, 집중을 못 하는구나 하는 걸 느꼈죠. 도시에서 지내면서 저 역시 다르지 않다는 것도 알게 되었고요. 시간도 분절돼 있고 관계도 분절돼 있고 삶을 살아가는 공간조차도 분절돼 있다는 게 보였어요. 일하는 직장, 잠자는 집, 쇼핑하는 공간, 이렇게 죄다 조각나 있어요. 그러면서 답답함을 느꼈어요. 이 답답함의 원인이 뭘까 스스로에게 질문했고 답을 얻은 건 공유지가 없다는 거였어요."

사람들이 자유롭게 창조적인 활동을 할 수 있고 생존을 위해 필요한 여러 가지 활동과 사회적인 교류를 나눌 공간은 반드시 필요하다. 그런데 누구의 허락도 받지 않고 자유롭게, 약간의 암묵적인 배려 속에서 쓸 공간이 도시에 없다. 김성원은 이런 게 답답함의 원인이었다는 걸 깨닫게 됐다고 한다. 너나없이 하루를 살아내기 바쁜데 과연 이런 공간의 필요성을 느낀 사람이 몇이나 될까 싶다. 가깝게는 자신이, 넓게는 도시에 사는 숱한 사람들의 삶이 위축돼 있는 게 눈에 포착되었고 그 근원을 따져 가다 보니 공유지에 이르렀다. 고작 몇십 년만 거슬러 올라가 봐도 동네에 공유지는 분명 존재했다. 어릴 적 어둑해질 때까지 동네 아이들과 몰려다니며 놀던 그 흔하디흔한 골목길이며 느티나무 아래로 평상 하나 놓이던 공

간마저 어느 순간 사라져 버렸다. 그렇게 우리 모두의 숨통이던 공간이 어딘가로 다 삼켜지도록 어째서 우리는 눈치조차 채지 못했던 걸까? 각각의 '나'만 남겨지도록 서로를 돌아볼 여유를 팽개치고 살았다는 얘기 아닌가. 위축된 삶의 긴장을 풀고 우리를 만날 공간이 필요하다는 게 김성원의 생각이다. 젠트리피케이션으로 살던 사람마저 뿌리째 뽑히는 마당에 도시에서 그런 공간을 대체 어디에 마련할 수 있다는 건가?

"도시에서 두 개의 공간을 발견했어요. 하나는 놀이터❶인데요. 동네마다 놀이터가 있어요. 저는 놀이터를 시민적 공간으로 만들 수 있지 않을까 하는 생각을 하거든요. 시민들의 공유지로 시민적 협력과 활동이 일어나는 지역의 공동체를 만들라는 주문을 만나는 사람들에게 자주 해요. 놀이터는 국가가 소유한 땅이니까 우리가 쓸 수 있도록 요구하라고 말이죠. 또 하나의 공간은 옥상입니다. 도시 문제에 관심이 생기면서 생태적인 공간을 어떻게 만들까 고민하고 사례를 조사하다 보니 옥상이 보였어요."

근질거리는 나의 손

사실이다. 도시를 꽉꽉 채운 빌딩이며 아파트며 모두 옥상이 있다. 말하자면 땅이 성큼 위로 올려진 셈이다. 그곳을 공유지로 바꾼다는 발상, 무릎을 치게 한다. 옥

❶ 공원이 아닌 놀이터라고 굳이 언급을 한 까닭은 놀이터를 공원의 일부로도 볼 수 있지만 놀이터가 공원보다 많이 분포해 있고, 지역공동체와 결합한 공유지에서 일상적 접근이 중요하기 때문이라고 했다.

상은 이미 태양광 패널을 설치하는 에너지 공간으로 텃밭 농사를 짓는 생태 공간으로 쓰이고 있지만 보다 많은 사람들에게 다양한 공간으로 옥상을 열어 놓을 필요가 있다. 김성원은 청년들과 함께 북토크, 파쿠르, 놀이터 워크숍, 콘서트 등 다양한 문화 프로젝트를 기획하며 옥상을 공유지로 만들고 그 영역을 넓혀 가는 중이다. 옥상에서 진행해 온 다양한 문화 프로젝트 가운데 놀이터 워크숍이 조금은 낯설다. 그러고 보니 김성원이 최근 가장 바삐 지내는 영역이 놀이터다. 'Play AT-생활기술과 놀이멋짓' 연구소장이기도 한 그는 우리 사회에 놀이터 개념을 새롭게 해석해 주고 있다. 놀이터란 놀이를 하는 공간이다. 김성원이 생각하는 놀이란 무엇일까?

"놀이라고 하는 것을 여러 측면에서 이야기할 수 있는데 제 관점에서 놀이는 세상에 처음 온 아이들이 자기가 살아갈 세상에 필요한 지식, 정보, 감각, 능력, 기술과 같은 것들을 강박 없이 배워 가는 모든 과정이라고 생각합니다. 1차 세계 대전이 끝난 뒤 아이들이 폐허 더미에 뒹구는 온갖 쓰레기들을 가지고 스스로 만들고 부수며 노는 데서 시작된 게 '잡동사니 놀이터junk playground'였거든요. 정크라는 낱말이 주는 어감을 불편해하는 어른들이 '모험놀이터'라고 명칭을 바꾸었어요. 어른의 관점에선 세련된 게 좋아 보이지만 아이들은 마음껏 다뤄도 좋을 잡동사니를 훨씬 편안해해요. 마음껏 다루고 부수는 작업을 할 수 있으니까요. 놀이에 자유가 이미 전제돼 있다는 게 중요하죠. 놀이를 통해 아이들은 어른을 흉내 내면서 세상 살아가는 방법을 배우거든요."

1931년, 1차 세계 대전의 폐허 속에서 아이들이 공공 놀이터가 아닌 파괴된 건물이나 버려진 공사장에서 잡동사니와 쓰레기를 가지고 즐겁게 노는 걸 발견한 덴마크의 조경사 칼 테오도어 쇠렌센은 새로운 놀이터 아이디어를 얻는다. 쇠렌센은 어른이 간섭하지 않는 공간에서 아이들이 자유롭게 자신들의 놀이 공간과 놀이 구조를 만들도록 허용하는 '도시 속 농장 같은 놀이터'를 구상했다.❷ 내 기억 속 놀이터라고 하면 어느 학교를 막론하고 담장을 따라 그네, 시소, 미끄럼틀, 모래밭이 있는 획일적인 풍경이다. 놀이란 경계가 없는 무한한 자유, 맞다. 어른이 디자인해 주는 놀이터가 아닌 아이들이 스스로 놀이터를 설계할 수 있다는 걸 참 오래도록 놓치고 살았다는 자각이 비로소 들었다. 김성원이 놀이터를 만나게 된 것 역시 필요에 의한 탐색에서 시작되었다. 그의 모든 작업이 그러하듯 필요에 의해 자료를 탐색하다가 곁다리로 발견하는 게 가끔 주 관심사가 되기도 한다. 그는 충분한 자료로 대상을 이해한 뒤에는 반드시 구현해 본다. 가만 보면 김성원의 모든 작업은 머리가 아닌 손에 무게

❷ 김성원 씀(2018), 《마을이 함께 만드는 모험놀이터》, 빨간소금, 55~57쪽.

중심이 가 있다. 어째 4차 산업 혁명과는 반대 방향으로 가는 듯한 그의 행보가 궁금했다.

"장흥으로 내려가면서 살 집을 내 손으로 지었어요. 집을 지으려니 몸을 써야 하고 더 구체적으로는 손을 쓰잖아요. 손을 쓰는 일을 하면서 노동의 고됨과 힘듦을 피부로 느꼈어요. 머리 써서 일할 때는 결코 느낄 수 없는 힘듦이 있어요. 그렇지만 구체적인 물질들을 만지게 되잖아요. 물질들을 직접 만질 때 그 느낌이 너무 좋았어요. 특히 흙과 나무가 주는 재료의 물성을 무척 좋아해요. 그렇게 재료를 만지고 몸을 쓰는 일을 하면서 지식이란 게 도대체 뭔가, 신념은 어디서 나오는 걸까, 이런 질문들이 생기더라고요. 직접 몸을 써 보니 책을 읽어서 머리로 아는 지식은 반도 안 된다는 생각에 이르게 되었어요. 직접 재료를 가지고 내 몸과 손을 써서 노동을 할 때 얻게 되는 신체적 지식, 온몸으로 체감하는 지식까지 결합될 때 진짜 지식이구나 하는 걸 깨닫게 되었던 거죠. 머리로만 이해할 때의 안다는 것은 단단한 앎이 아니에요. 불안하고 안개 같고 확 다가오지 않는 불확실한 앎이었는데 몸으로 직접 하고 나니 확신이 생겨요. 한계를 느끼고 넘어서고 문제점도 풀어 보면서 알아 간 지식 그리고 그것에 바탕한 확신이 단단하게 느껴져요. 손의 발견이랄까요?"

서울혁신파크 옥상 공유지에서 이야기를 나누고 있는 김성원(우)과 필자(좌)

손의 발견은 러그를 짜면서 더 확연해졌다고 한다. 환경을 위해서 한 번 더 재활용할 필요를 느끼던 차에 래그 러그를 짜기 시작했다. 안 입는 천을 잘라 직조를 하면서 아름다움을 위해 진정 필요한 것은 소비되는 패션이 아니라 아름다움을 짜고 엮는 손이라는 생각을 하게 되었다고 한다. 이렇듯 귀한 손이 거세당한 세상은 비극이 아닐 수 없다. 최첨단 기술만 대접받고 낡은 기술은 버려지거나 박물관에 가두어 버렸다. 종교든 인문 영역이든 현재의 삶을 위해 쉼 없이 과거를 소환하지만 오직 기술의 영역에서만은 과거의 기술을 되살릴 노력을 하지 않는다. 환경 파괴와 기후 변화, 에너지 위기, 자원의 고갈로 성장의 한계에 직면한 우리에게 여전히 유효한 기술이 있다면 그거야말로 전통 기술이 아닐까?

"전통 기술은 지구의 지표 위에 이루어진 모든 문화적 전경과 환경을 관리하고 창조해 온 토착 기술들로 이루어져 있어요. 전통 지식과 기술은 적은 에너지와 자원을 사용하면서 발전할 수 있게 하는 해결책이자 환경 변화와 위기, 재앙에 유연하게 대응할 수 있는 다기능의 대안이죠. 이러한 전통 지식과 기술은 자원을 고갈시키지 않으면서 그 잠재성을 확장할 수 있는 방식으로 우리가 어떻게 환경과 관계를 만들어 가야 할지 길을 알려 줘요."

길을 알려 주다니! 기후 변화에서 '기후 비상 사태'로 용어를 바꿀 만큼 급박해진 상황에서 희망적인 얘기가 아닐 수 없다. 산업 기계 문명이 급격히 무너져 내릴 거라는 생각은 하지 않지만 혹시나 재난이 발생할 경우 산업적인 구호는 한계가 있다. 결국 현장에서 복구를 담당하게 될 이들은 옛날 기술을 가진 장인과 사람들이라는 사실은 후쿠시마 사고와 지진 등의 재난을 겪은 일본 사례만 봐도 분명하다. 위기 상황에서 우리를 구해 줄 옛날 기술, 낡은 기술로 폄하된 우리의 전통 기술을 다시 소환해야 할 때가 아닌가 싶다. 기술은 결국 도구의 진보인데 그렇다면 어느 정도까지의 도구를 허용할 것인가?

"도구는 인간 신체의 확장이에요. 맨손으로 할 수 없던 여러 가지 일이 도구를 사용하면서 가능해진 건 부인할 수 없어요. 문제는 현대 기계 문명이 끊임없이 편리를 추구해 왔다는 거예요. 어느 순간 사회 시스템이 거대 기계화되면서 인간조차도 기계의 부품처럼 돼 버렸어요. 그렇다고 수공예 도구만 필요하다고 생각하진 않아요. 이미 현실이 그렇지 않으니까요. 중요한 건 도구나 기계에 대한 경계예요. 절제죠. 어디서 멈출 것인가, 어디까지 사용할 것인가, 이런 감각을 갖는 게 중요할 것 같아요. 편리함을 목적으로 선택하는 게 아니라 우리 사회의 지속 가능성, 삶의 풍부함, 풍요로움을 심리적인 측면에서도 살펴보면서 선택을 해야 하지 않느냐는 거지요. 기술에도 풍경이 있다고 봐요. 일상을 살아가는 데 최첨단 기계로만 가득 차 있는 집, 사회, 이런 게 행복할까, 풍요로울까, 여유로울까, 심리적으로 안정될까, 이런 생각을 하죠. 어느 순간부터 기계가 압도하기 시작했는데 그런 현실에 불편한 마음을 느끼면서도 그럼에도 그런 것에 의존하며 사는 게 답답하기도 하죠. 그래서 드는 생각은 기술에도 시간적 풍경이 필요하지 않을까 하는 거예요."

지식의 99.9%는 인류의 공통 자산

살 집을 흙부대로 지었다. 짓고 보니 더 손을 봐야 하는 곳들이 생겨나 그걸 수리하느라 미장을 배웠고 에너지가 필요해 화덕과 난로를 만들었다. 이 모든 일을 그는 혼자 자료를 찾아 스스로 배우고 익혔다. 스스로 배우고 익힐 수 있을 정도니 그 기술은 누구나 따라 할 수 있는 '적정'한 기술이다. 민주적인 기술이라 하지 않을 수 없다. 그럼에도 스스로 배우고 익히는 과정은 결코 쉬운 작업이 아니다. 워낙 기술을 탐색하는 일에 흥미를 느끼기에 할 수 있는 일이라 했다. 그래서 그는 스스로를 '기술탐색자'라 부른다. 한번 꽂히면 끝을 볼 때까지 엉덩이를 의자에 붙이고 질기게 앉아 있는 기질이 그를 기술탐색자로 만든 것 같다. 흥미로운 건 이렇게 익힌 자료를 주변에 아낌없이 나눈다는 사실이다. 그의 카피레프트 철학

이 궁금했다.

"지식을 상품화하는 것에 대한 거부감이 있어요. 많은 이들이 착각을 해요. 지식을 나의 사회적 지위나 경제적 부를 얻는 수단으로 상품화하려 들거든요. 지식의 원래 목적이 지식을 통해 사회에 기여하는 거라면 공개하는 것만큼 효과적인 게 없어요. 그리고 저는 지식 공유 방식이 게릴라적이어야 하고 좀 더 가벼워져야 한다고 생각해요. 공공 기관의 연구 성과가 대부분 캐비닛 안에 갇혀 있는데 그걸 공개하면 얼마나 잘 쓰이겠어요. 정보를 전달하는 대표적인 방식이 강의, 워크숍, 책이죠. 저는 또 다른 방식으로 인터넷 카페와 페이스북에 공개하고 있어요. 7~8년 동안 카페를 운영하면서 내가 알게 된 모든 정보와 지식 들을 다 올렸어요. 지식을 공유하는 가장 효과적인 방법은 그냥 공개하는 거예요. 나를 만난 적은 없지만 공개된 자료를 접할 수 있는 어떤 사람이 있다고 쳐요. 그 사람이 그 분야에 관심과 소질이 있다면 그걸 바로 활용하거든요. 그러면 그건 그 사람 거예요. 그 속도는 정말 놀랍죠. 그렇게 해서 자기화한 사람을 더러 만나는데 제게 고맙다고 해요. 지식의 목적을 수행한 거니까 오히려 제가 박수 쳐 드려야죠. 인간이 갖고 있는 지식의 99.9%는 인류의 공통 자산이잖아요. 축적된 것에 기반해서 업데이트되는 거고요. 개개인의 독창성과 연구한 노력에 대해서는 사회적

크리킨디센터 미장공방의 마스터인 김성원은 자연 재료를 이용해
현대적이고 친환경적인 미장 기법을 실험·연구, 교육하고 있다.

으로 보장해 주고 인정하는 제도가 있어
야지 상업적인 저작권으로 하는 것은 바
람직하지 않다는 생각이거든요. 내 지식
의 결과물의 99.9%는 남의 것이고 그러
니 남에게 나누는 건데 아까울 리가 있
겠어요?"

그는 문화가 형성되려면 모방과 창조 이
두 가지가 필요한데 이 가운데 더 중요
한 것은 모방이라고 했다. 결국 모방이
기초가 되어 창조를 이루고 그것이 문화
가 되는 것인데 상품처럼 취급되는 저작
권에 동의하지 않기에 그는 자신이 시간
과 노력을 들여 알아낸 것들을 아낌없이
무료로 배포한다. 그는 리눅스 재단을 예
로 들면서 거대 시스템조차도 오픈 소스
의 힘으로 유지된다고 했다. 알아낸 지식
과 정보를 꽁꽁 숨겨 놨다면 과연 김성
원이 지금만큼이라도 알려질 수 있었겠
냐고 반문했다. 정보는 나눌수록 확산되

고 그래서 광고나 마케팅 효과 측면에서도 나눈 사람에게 훨씬 이득이 된다고 한다. 지식과 기술을 민중들이 쉽게 접근하고 사용할 수 있어야 한다던 실학파들의 사상과 김성원의 철학이 카페레프트에서 만나는 게 아닌가 하는 생각을 했다.

기술적 게토 마련해야

"앞으로 도시의 변화에 집중해 보고 싶어요. 도시에도 생태적인 게토가 생길 수 있지 않을까 생각해요. 물론 도시의 인구가 줄고 부동산 거품도 꺼지는 등 여러 사회적인 변화와 같이 가야겠지요. 도시 속에서도 풍부한 자연 환경과 공동체가 살아 있고 실험적이나마 적정기술이나 생태적 기술에 의존해서 살아가는 주택지나 실험적 공간을 실현해 보고 싶어요. 적정기술, 생태적 기술, 전통 기술을 이야기하지만 한 번도 그것에 의존한 삶을 살아 보지 않았거든요. 유럽은 말할 것도 없고 가까운 일본만 해도 그렇게 사는 곳이 있어요. 우리는 그냥 체험만 하고 시도만 하고 있거든요. 의도적으로라도 그런 공간을 만들어서 그 속에서 살아가며 생활의 감각, 기술을 대하는 태도, 기술을 선택하는 기준 등을 경험할 수 있어야 하지 않을까요? 기술적 게토, 생태적 게토 안에서의 삶의 경험들, 그 삶을 살아가면서 갖게 되는 감각들을 회복하지 않고 도시를 바꾸기는 힘들 거라 생각해요."

김성원은 근본적인 삶에 초점을 맞춘 이반 일리치의 생각에 동의하고 존경하며 닮으려 한다고 했다. 정의의 길로 비틀거리며 갔던 리 호이나키를 존경하기에 끊임없이 뭔가를 모색하면서 자신의 부족함을 부끄러워하지 않고 계속 좌충우돌하며 가는 중이라고 했다. 기술과 문화에 대해 비평을 하고 삶의 모습을 연구하게 된 것은 루이스 멈포드의 영향이라고 했다. 4차 산업 혁명이라는 시대를 거슬러 오르며 손의 가치를 발견하고 잊힌 전통 기술을 21세기 버전으로 업그레이드시켜 세상에 퍼뜨리는 일을 하는 그의 곁에는 이런 스승들이 있었다. 김성원이 사유하고 이루어 가는 과정들이 현재를 살고 있는 우리에게는 삶의 기술이 아닐까 싶다.

오만함으로 자연을 아무리 어지럽힌대도 자연 앞에 무기력할 수밖에 없는 존재이기에 우리는 겸허함을 익혀야 한다. 잊었던 손의 기억에 다시 숨결을 불어넣어 주며 더 겸손해져야겠다. 🔘

특별 계재

학교는 어떻게 커먼즈가 되나 _ 박복선

학교는 어떻게 커먼즈가 되나[1]

박복선 schola@haja.or.kr
크리킨디센터 전환교육연구소 소장

지금 왜 커먼즈?

'커먼즈'[2]에 대한 관심이 높아지고 있다. 대중적으로 회자되는 것은 아니지만 사회운동 그룹 내에서는 결코 낯선 단어가 아니다.[3] 자본(주의)과 근대 국가가 주도한 '근대라는 기획'은 사실상 파탄에 이르렀고, 인제는 대안적 기획이 필요하다는 인식의 표현이다. 우리는 지금 생태 위기(기후 변화, 환경 오염, 자원 고갈 등), 경제 위기(카지노 자본주의, 성장의 종말 등), 사회 위기(빈부 격차의 심화, 공동체의 해체 등)를 목도하고 있다. 특히 기후 변화는 아주 빠른 시간 안에, 지구적 차원의 획기적인 조처를 취하지 않으면 곧 파국이 있을 것임을 경고하고 있다. 그러나 자본도, 국가도 이런 위기를 극복하고, 새로운 세상으로 나아가려는 의지도 능력도 없다.

전통적인 정부 체제와 시장에 대한 대중의 신뢰가 추락하면서, 공유[재]('커먼즈'를 의미함)에 대한 관심이 전 세계적으로 급격히 높아지고 있다. 이는 분명 앞으로 격동이 몰아닥칠 것임을 예고하지만, 동시에 큰 희망을 선사하는 신호이기도 하다. 현재의 거버넌스, 상업, 생태 개발 체제들이 지속 가능하지 않다는 것이 너무도 자명하기 때문이다. 인류가 지금부터라도 사회와 동떨어진 중앙 집권적인 제도와 집중화된 시장에 의존하지 않는 대안적 미래를 상상하고 그런 미래를 만들어 나가지 못한다면, 그리고 개개인과 공감하는 공통된 인류애와 협력 정신을 회복하지 못한다면, 정말로 암울한 미래를 맞이하게 될 것이다.[4]

[1] 이 글은 '교육커먼즈, 교육공공성의 새로운 관점'을 주제로 한 제25회 경기교육포럼에서 발표한 글을 다듬은 것이다.

[2] '커먼즈(commons)'는 전통적으로 마을 사람들이 함께 이용하는 숲, 어장, 목초지 등의 공동 자원을 가리키는 말이었다. 근대의 출발과 함께 전통적인 커먼즈는 대대적으로 파괴되면서 삶의 주변으로 밀려났지만, 오스트롬(E. Ostrom)이 커먼즈가 공동체에 의해 잘 관리되었다는 사실을 밝혀내면서, 국가와 자본을 넘어서기 위한 새로운 기획을 시도하는 사람들의 관심을 받게 되었다. 이후 디지털 커먼즈가 등장하면서 근대 이후의 기획으로서의 보편성이 확인되었다. 이런 흐름을 반영하여 '커먼즈'는 '공유 자산 + 그것을 관리하는 주체(공동체) + 그것을 관리하는 방식(자치 혹은 협치)'으로 '뜻 넓이'를 확장해 왔다. '커먼즈'를 '공유지' 혹은 '공유 자산'으로 번역하는 것은 이런 흐름을 반영하지 못한다고 생각하는 논자들은 '커먼즈'라는 음을 그대로 살려서 표기하고 있다.

[3] 우리 사회에서도 시민 사회의 성장과 전통적 변혁운동의 쇠퇴를 계기로 '새로운 공공성'과 대안적 정치운동으로서의 '삶 정치'에 대한 관심이 높아졌다. 운동 진영에서 '커먼즈'란 말을 직접 쓴 것은 디지털 혁명과 인터넷의 발달로 '크리에이티브 커먼즈'에 대한 논의가 활발하게 이루어지던 때부터다. 최근 확장된 의미로서의 '커먼즈'는 주로 좌파 사회운동가들의 언어로 쓰이고 있다. 이에 대해서는 2018 커먼즈네트워크 워크숍 '지금, 여기 커먼즈'의 자료집과 2019년 제9회 맑스커뮤날레의 '커먼즈라는 계기 : 새로운 좌파 기획의 가능성'의 자료집을 참고할 수 있다.

[4] 데이비드 볼리어, 배수현 옮김(2015), 《공유인으로 사고하라》, 갈무리, 11~12쪽.

새로운 세상으로의 전환을 위한 이론과 전략이 나와야 한다. 커먼즈는 이런 전환을 기획하고 실험하는 사람들의 상상력의 원천이고, 그들을 서로 연결시켜 주는 틀이다. 물론 '중앙 집권적인 제도와 집중화된 시장에 의존하지 않는 대안적 미래'로의 전환은 커먼즈라는 기획만으로 이루어지는 것은 아니다. 여러 수준의 인식과 실천이 상호 보완적으로 결합이 되어야 한다. "대안은 단지 하나가 아니다."❺

진정으로 중요한 것은 (커먼즈 중심이든 아니든) 자본과 국가의 이 두 체제를 벗어나서 자유로움, 공정함, 지속 가능성이 실현되는 삶, 정치·경제·사회가 분리되지 않는 삶, 인간과 만물이 서로 동지인 삶을 향해 나아가려는 노력입니다. 이 노력은 근대를 의식·무의식적으로 영속화하려는 세력과 권력이나 재산을 놓고 투쟁하지 않습니다. 권력과 재산은 근대적 삶형태에 속합니다. 따라서 그것을 아무리 잘 나누어도 근대를 벗어나지 못합니다. 대안근대로 나아가는 노력은 근대적 삶형태에 다른 삶형태를 맞세우는 운동입니다.❻

커먼즈 운동이 특권적 지위를 가지는 것은 아니겠지만, 그것만의 특장이 있다. 볼리어에 의하면, 수많은 활동가들은 '자유 시장 이데올로기' 즉 '자수성가'형 개인주의, 확장적인 사유 재산권, 항상적인 경제 성장, 정부의 규제 완화(탈규제), 자본에 의해 추동되는 기술 혁신, 소비주의에 대한 거의 신학적인 믿음에 반대한다. 그럼에도

커머너들은 체제 차원의 변화에 구조적으로 막혀 있는 기존의 정치적 장소들에 초점을 두기보다는 자신들의 대안을 '시장과 국가의 외부에서' 창출하는 데 초점을 둔다.

커머너들은 정책에는 정치적으로 필요하거나 실행 가능한 만큼만 관여하고 자신들의 기획을 위해 보호받는 별도의 공간들을 확보하는 데 초점을 두어 왔다. 일반적으로 커머너들은 국가 당국에 자신들의 이익을 보증하거나 관리해 달라고 의지하기보다는 자신들에게 중요한 삶의 영역들 — 도시들, 마을 공동체들, 음식, 물, 땅, 정보, 기반 시설, 신용과 화폐, 사회적 서비스 기타 등 — 에 대한 직접적인 주권과 통제권을 추구하기를 더 원했다. 독립적인 커머닝의 과정 자체에 여러 혜택들이 들어 있다. 커머닝은 커먼즈 기반의 제도들의 우월성을 보여 줌으로써 — 예를 들어 프리 혹은 오픈 소스 소프트웨어 개발, 지역 식량 자급, 협동조합들, 대안적 통화들 — 자본이 추동하는 시장에 대한 준독립적이고 사회적으로 만족스러운 대안들을 창출한다.❼

커머너들이 기존의 체제를 내부에서 바꾸어 내거나, 권력을 획득하여 새로운 체제를 창출하는 것을 거부하는 것은 아니지만, 그들은 '엑소더스'를 선호한다.❽ 그렇기 때문에 커머너들의 실천은 새롭고 낯설게 느껴지고, 그런 까닭에 첨예한 이념적 대립과 갈등을 우회할 수 있는 가능성이 있

❺ 파블로 솔론 외, 김신양 외 옮김(2018), 《다른 세상을 위한 7가지 대안》, 착한책가게, 14쪽. 이 책의 저자들은 커먼즈와 함께 '비비르 비엔(Vivir Bien), 탈성장, 생태여성주의, 어머니지구의 권리, 탈세계화'를 다른 세상으로 가는 데 필요한 원리로 제시하면서 이것들이 '상호 보완성'의 원리에 의해 통합되어야 한다고 주장한다.

❻ 정남영(2017), 〈대안근대로의 이행과 커먼즈 운동〉. minamjah.tistory.com/202?category=452913

❼ 데이비드 볼리어(2016), 〈사회변형 패러다임으로서의 커머닝〉. minamjah.tistory.com/122

❽ 네그리와 하트는 《Assembly》에서 대안근대로 가는 경로를 '1) 엑소더스 : 기존의 제도들로부터 빠져나와 작은 규모로 새로운 민주적인 사회적 관계를 수립 2) 적대적 개혁주의 : 기존의 제도를 그 내부로부터 변형 3) 헤게모니 전략 : 사회 전체에 대한 통제력을 획득하여 새로운 사회적 제도들을 창출'의 세 가지로 구분하고 있다고 한다. 정남영(2017), 앞의 글.

다. '커먼즈'는 '계급 투쟁'이나 '국가 권력 쟁취'보다 부드럽고 포용력이 큰 언어다.[9] 데이비드 볼리어는 이렇게 말한다. "지금 벌어지는 공유지 운동은 공산주의를 복권하려는 시도가 아니다. 공산주의는 공유지보다 국가와 자본을 더 좋아하는 낡고 비실제적인 체제이다."[10] 사회의 변화를 위한 학교교육을 실행하는 데, 사회 성원 다수의 동의가 필요하다면 이런 포용성은 소모적인 이념 대립에서 벗어나 '어느 정도' 생산적인 대화를 가능하게 하는 창구가 될 수 있지 않을까? 무엇보다 커먼즈는 창조적인 실천을 추동하는 개념이라는 점에서 교육적 가치가 크다. 커머너들은 제도와 정책의 변화에 의존하지 않고 자기의 자리에서 대안을 만들어 낸다. 대안의 영역이나 수준도 다양하다. 크게는 지구 마을을 관리하는 것에서 작게는 두세 사람이 모이는 동아리를 꾸리는 것까지. 소프트웨어를 공유하는 것부터 지역 화폐를 만드는 것까지. 그것은 학교 안팎에서 교사들과 학생들이 만들어 내는 '작은' 실천에도 '큰' 의미를 부여해 줄 수 있다. 예컨대, 제이 월재스퍼는 '공유지 혁명을 일으키기 위한 간단한 51가지 방법'으로 다음과 같은 것들을 제안한다.

1. 모든 문제들에는 개인적이고 개별화된 해법이 있다는 지배적인 신화에 도전하자. (……) 16. 벤치, 분수대, 광장, 공원, 인도, 자전거 도로, 운동장, 그 밖의 중요한 공동의 사회 기반 시설을 더 많이 설치하도록 운동을 조직하자. (……) 21. 거리가 멀리 떨어진 곳에 있는 상인에게서 온라인으로 구매하기 전에 현지의 상인에게서 구하거나 주문할 수 있는지 알아보자. 그렇게 하면, 우리 돈이 지역 사회에 머무르게 된다. (……) 30. 환경 보호, 인권, 노동자 권리, 지속 가능한 발전, 원주민, 기후 변화와 관련된 실천을 위해 일하는 지구 곳곳의 활동가들을 지원하자. (……) 37. 마을에 방치된 땅에 꽃과 채소를 심는 게릴라 원예사가 되자. (……) 44. 공동 도서관을 애용하고 후원하자. (……) 51. 희망을 확산시키자. 공유지에 근거한 해법들이 오늘날의 긴급한 문제들을 어떻게 치유할 수 있을지 설명하자.[11]

이것들은 지금의 학교에서도 누구나 할 수 있는 것이 아닌가? 커먼즈는 이런 작은 실천이 '전환'이라는 시대적 비전과 연결되어 있다는 것을 알게 한다.

넬 나딩스는 현재의 교육 담론에서 '목적에 대한 논의'가 실종되었다고 한다. 예컨대, 인수분해를 가르치는 교사에게 '왜 이것을 가르치냐'고 물으면 '다음 주제가 분수 덧셈이어서 인수분해를 못 하면 공통분모를 찾기가 쉽지 않다'고 대답한다는 것이다. 나딩스는 이런 교육을 '빈약한 것'이라고 표현했다.[12] 오늘날 학교는 부와 권력을 배분하기 위해 줄을 세우는 기관으로 전락했다. '좋은 삶'이라는 교육의 궁극적 목적 그리고 좋은 삶을 구현하려는 시대적 비전은 상실되었다.[13] 커먼즈는 학교교육을 시대적 비전과 연결할 수 있다.

---

[9] 그렇기 때문에 국가나 자본이 커먼즈를 이용하는 것을 경계해야 한다. 복지 국가가 위기를 맞으면서 국가가 자신들의 문제를 공동체로 돌려보내거나, 소셜 미디어 그룹이 사용자들이 생산한 가치를 전유하기 때문이다.

[10] 제이 월재스퍼, 박현주 옮김(2013), 《우리가 공유하는 모든 것》, 검둥소, 33쪽.

[11] 제이 월재스퍼(2013), 앞의 책, 364~371쪽.

[12] 넬 나딩스, 이지헌 외 옮김(2008), 《행복과 교육》, 학이당, 132쪽.

[13] 오늘날 '진보적'이라는 수식어를 붙인 실천들, 예컨대, 혁신학교 정책, 마을교육공동체 운동, 학생인권 선언 등도 다르지 않다.

자본과 국가에 포획된 (초·중등)학교

근대 학교교육이 근대 국가의 '부국강병' 프로젝트의 일환이었다는 것은 널리 알려진 사실이다. 학교는 처음부터 자본과 국가에 포획되어 있었다. 이후에 시민의 힘이 성장하면서 학교를 지배하는 방식도 부드러워졌고(그만큼 교묘해졌지만), 학교 구성원들은 조금씩 자율적 영토를 넓혀 갔다. 사람들이 만나는 곳에서는 '상대적으로' 자율적인 공간이 생기게 마련이다.

그러나 학교교육이 근대 국가의 '부국강병'의 도구라는 성격이 근본적으로 바뀐 것은 아니다. 널리 알려진 바와 같이, 세계의 교육 개혁을 이끌고 있는 것은 OECD다. 소위 '패러다임의 전환'으로 표현되었던 '5.31 교육 개혁'이 세계화 시대에 '국가 경쟁력'을 강화하려는 시도였다는 것도 비밀이 아니다. 다보스 포럼에서 '제4차 산업혁명'이란 말이 나오자마자 학교에서는 발 빠르게 '코딩'을 가르치고 있고, 진로교육은 사라질 직업과 뜰 직업을 맞히기에 여념이 없다.

대학이 노골적으로 기업화되는 것에 비하면[14] 초·중등학교는 상대적으로 자본의 지배를 덜 받는 것처럼 보이지만, 자본주의적 가치를 내면화한 인간(호모 에코노미쿠스)을 길러 낸다는 점에서는 크게 다를 바 없다. 산업 혁명 시기에는 기초적인 리터러시를 갖춘 순응적인 노동자를 길러 내는 것이 자본의 요구였다. 지금은 훨씬 세련된 방식으로 자본의 요구를 관철시킨다. '고립된 개인'이 인간의 본질이라는 신화, 경제 성장이 발전이라는 믿음, 소비를 통한 정체성 확인, 공정한 경쟁이라는 신화, 능력의 서열화 승인, 자기 계발 이데올로기 내면화, 자연의 도구화에 대한 무감각 등을 가르친다. 그렇게 호모 에코노미쿠스가 만들어진다.

학교가 비판할 줄 아는 사고를 가르칠 경우 일어날 경제적 비극을 생각해 보십시오. 학교가 아이들에게 강해지라고 용기를 주고 독창성 있게 생각하라고 격려할 경우도 생각해 보십시오. 진실로 중요한 것은 돈 주고 살 수 없다는 철학자의 사상을 가르치는 것도 생각해 보십시오. 보편적인 인간의 요구인 선택권과 사생활을 학교가 존중한다면 어떻게 될까요? 학교가 학생들이 의미 있는 삶을 살고 싶어 하도록 돕는다면 어떻게 되겠습니까? 그렇게 된다면, 대량 생산 경제 탓에 쓸모를 잃은 채 산더미처럼 쌓여 있는 물건을 갖고 싶어 할 사람이 있겠습니까? 누가 가공 식품을 먹겠습니까? 누가 플라스틱 구두를 신겠습니까? 누가 흥미진진한 일을 하지 않고 텔레비전 공상 영화로 시간을 보내겠습니까? 학교가 제공하는 훈련 없이 대량 경제 체제가 어떻게 유지될 수 있겠습니까? 학교 개혁을 일으키려면 우리는 이 기묘한 공생 관계를 잘 이해해야 합니다.[15]

그래도 양식이 있는 사람들 사이에서는 호모 에코노미쿠스를 길러 내는 교육에 대한 문제 제기가 있는 편이다. 그러나 국가에 의한 교육에 문제를 제기하는 사람들은 훨씬 적다. 한때는 학교를 정권 유지 수단으로 삼

---

[14] 미국에서 대학의 시장화는 1) 대학의 기업화 2) 영리 대학의 설립과 운영 3) 기업대학교(corporate university)의 설립과 운영으로 진행되고 있으며, 우리 사회의 대학들은 이 모델을 따라간다고 한다. 대학의 기업화에 대해서는 [고부응, 〈한국 대학의 기업화〉, 《역사비평》, 92, 2010년 가을호] 참고.

[15] 존 테일러 게토, 이수영 옮김(2006), 《교실의 고백》, 민들레, 32~33쪽.

는 것에 대한 강한 비판이 있었지만, 형식적 민주화가 이루어진 지금 그런 소리는 들리지 않는다. 몇 년 전에 검정 국사 교과서에 이념 공세를 가하면서 국정 교과서 체제로 회귀하려고 해서 난리가 났지만, 이때도 국가 주도 교육에 대한 깊이 있는 논의는 이루어지지 않았다.

오늘날 스스로 진보 혹은 개혁적이라고 생각하는 사람들 사이에서는 야만적인 시장과 권위주의적 국가 사이를 끊임없이 배회하는 모습이 자주 발견된다. 시장주의를 비판하다 보면 국가주의 입장에 서 있고, 국가주의를 비판하다 보면 자신도 모르는 사이에 시장주의에 경도되어 있는 것이다.

하지만 많은 진보주의자들이 모든 문제에 대한 마지막 해답으로 제시하는 것은 여전히 "국가가 책임져라!"이다. 더불어 국가 권력 장악에 모든 힘을 쏟아부으면서 실질적 문제 해결은 국가 권력을 장악한 다음의 과제로 남겨 놓고 있다.[16]

사회운동 진영의 국가에 대한 인식은 옅은 편이다. 현실적으로 자본의 폭주를 견제할 수 있는 것은 국가이기 때문에, 국가를 포기할 수 없다는 사정이 있다. 한편으로는 북유럽의 사회민주주의 복지 국가를 우리가 도달해야 할 목표치로 설정하고 있다는 사정도 있다. 우리나라가 스웨덴 같은 나라가 된다면 얼마나 좋겠는가? (핀란드 교육에 이어 덴마크 교육에 열광하는 것을 보면 교육계 사정도 마찬가지다.)

그러나 복지 모델이 이미 효력을 상실해 가고 있다는 것은 널리 인정되고 있다. 대략 세 가지 점에서 그러하다. 첫째, '성장의 종말' 시대에 나날이 늘어나는 수요를 국가 재정이 감당하기 어렵다. 둘째, 다양해지고 복잡해지는 개인적 요구를 국가 제도가 신속하고 정확하게 수용할 수 없다. 셋째, 국가의 주도권이 클수록 개인은 무기력하고 의존적이 되면서 자율적 능력이 퇴화된다.

국가가 독점하는 교육에 대해서도 비슷한 말을 할 수 있다. 나라에 따라 차이가 있겠지만 대부분의 근대 국가는 아직도 성장 중심의 경제 정책을 펴고 있고, 때로는 자본을 제어하기도 하지만 대개 자본의 요구를 수용한다. 호모 에코노미쿠스는 양산될 것이다. 국가는 표준화를 좋아하고, 표준화는 양적 지표로 표시되는 서열화로 이어진다. 표준화 교육은 개인의 다양하고 복잡한 요구를 충족시키기 어렵다. 자유로운 배움이 지속적으로 억압될 때 자율성은 사라지고 배움에 무기력해진다.

그러한 '가치의 제도화'가 반드시 물질적 오염, 사회적 양극화, 심리적 무능화를 초래한다는 사실을 보여 주고자 한다. 이 세 가지 차원은 지구의 붕괴와 현대적 비참을 초래하는 과정이다.[17]

일리치가 《학교 없는 사회》에서 집중적으로 다룬 문제가 바로 '가치의 제도화'다. 그는 근대 사회에서 (국가의 힘으로) 교육을 독점하게 된 학교가 인간을 얼마나 학습에 무능한 존재로

[16] 박세길(2008), 《혁명의 추억 미래의 혁명》, 시대의 창, 656쪽.

[17] 이반 일리치, 박홍규 옮김(2009), 《학교 없는 사회》, 생각의 나무, 24쪽.

만드는지를 드러냈다. 마찬가지로 병원은 인간이 스스로의 몸을 돌볼 수 있는 능력을, 자동차는 인간이 스스로 이동할 수 있는 능력을 빼앗았다. 한때 학교는 진보의 표상이었지만 국가가 학교를 독점하는 한 학교는 필연적으로 거대한 관료주의 기관이 될 수밖에 없었고 자연스럽게 사람의 자율성을 심각하게 침해할 수밖에 없었다. 사람들의 교육적 상상력은 '학교화'되었다.

제 가장 뛰어난 동료 교사들 중에도, 그리고 제가 만나 본 가장 훌륭한 학부모들 중에도, 교육이 다른 방법으로도 이루어질 수 있다고 상상하는 사람이 몇 되지 않는다는 사실은 대규모 학교에서 국가 독점 의무 교육이 거둔 위대한 승리를 보여 줍니다.[18]

지금 당장 국가가 학교교육에서 손을 떼라고 하기는 어렵다. 그러나 국가의 독점을 분산시키거나 약화시키는 기획은 가능하고, 그것은 새로운 삶 형태를 만들어 가는 데 필수적이다. 새로운 기획은 학교교육에 대한 통념을 버리는 데서부터 시작할 수 있다. 우선 '학교는 그 자체로 선하다'는 통념부터. 청소년인권운동 활동가의 말이 핵심을 찌른다.

한국의 교육 제도는 일단 너무 많은 교과와 내용을 학생들에게 공부시키고 있으며, 더 많이 공부를 시킬수록 그것이 학생들의 권리(학습권)를 보장하는 길이라는 그릇된 믿음을 가지고 있다. 인권으로서의 교육은 단지 학생들을 학교에 다니게 하거나 공부를 많이 시킴으로써 실현되지 않는다. 학생들이 더 행복하게 살 수 있도록 자신의 능력을 발달시키고 성장시키기 위한 교육이 학생들의 인권을 보장할 수 있다. 그렇지 않은 현재의 교육은 그 자체로 교육권을 침해하는 모순된 존재이다.[19]

다음으로 '학교는 모든 사람에게 꼭 필요한 것을 (강제로라도) 가르쳐야 하니 필요하다'는 통념. 우리에게는 어느 정도의 학교교육이 필요한가? 이 질문은 논쟁적이어서 답을 내기 어렵다. 그러나 꼭 학교에서 많은 것들을 가르쳐야 한다는 주장의 근거가 그리 강하지 않다고 말하는 것은 과한 것 같지 않다. 예컨대, 누구나 리터러시를 갖추어야 하고 이는 학교에서 꼭 가르쳐야 할 것이라고 한다. 정말 그런가?

학교가 아니라도 사람들은 읽기, 쓰기, 셈하기 따위를 어렵지 않게 익힐 수 있었습니다. 어떤 연구에 따르면 독립전쟁 당시 동부 지역의 노예 아닌 시민들 가운데 글을 읽지 못하는 사람은 거의 없었다고 합니다. 토마스 페인의 《커먼 센스》는 인구 3백만의 사회에서 60만부가 팔렸습니다. 그 인구의 20퍼센트는 노예였고 50퍼센트는 계약제 하인들이었는데요.[20]

뉴욕시 '올해의 교사상'을 3회, 그리고 뉴욕주 '올해의 교사상'을 수상한 30년 경력의 존 테일러 게토가 한

[18] 존 테일러 게토, 김기협 옮김(2005), 《바보 만들기》, 민들레, 40쪽.

[19] 투명가방끈(2015), 《우리는 대학을 거부한다》, 오월의봄, 247쪽.

[20] 존 테일러 게토(2005), 앞의 책, 41쪽.

말이다. 그는 기초적인 리터러시는 100시간이면 충분히 익힌다고 한다. 그런가 하면 'LTI(인턴십을 통한 학습)'로 유명한 메트스쿨 교장은 누구나 알아야 할 지식의 패키지가 있는 것은 아니라고 한다.

사람이라면 누구나 똑같이 알아야 하는 것이 있다고 믿는 사람도 있지만, 뛰어난 지성으로 존경받는 사람들을 한곳에 모아 놓으면 저마다 아는 것이 다르다는 사실을 알게 될 겁니다. 저는 누구나 알아야 할 지식이 선물 세트처럼 정해져 있다고는 생각하지 않습니다. 셰익스피어나 광합성 같은 단편적 사실을 아는 게 중요한 건 아니죠. 저는 학생이 무언가를 새로이 배우는 것을 좋아하게끔 만들고, 자료를 찾아 이해할 수 있도록 하며, 어떤 분야에 대해서는 깊이 있는 지식을 얻을 수 있도록 도와주는 일에 관심을 갖고 있습니다. 모든 것은 연결되어 있기 때문에 하나를 깊이 알아 가는 도중에 다른 것들도 알게 되거든요.[21]

실제로 교육과정을 장악하고 있는 교육부 관료들은 어떻게 생각하고 있을까? 그들이 직접 의견을 밝힌 적은 없고 앞으로도 없겠지만, 생각의 일단을 볼 수 있는 자료가 있다. '대안학교의 설립·운영에 관한 규정'은 대안학교 인가를 받으려면 "국어 및 사회(중학교와 고등학교 과정의 사회 교과는 국사 또는 역사를 포함한다)를 교육부 장관이 정한 교육과정상 수업 시간 수의 100분의 50 이상을 운영"

하라고 한다.(제9조) '교과용 도서'는 자체 개발한 것을 사용해도 좋다고 한다.(제10조) 물론 대안학교에 대한 규정이긴 하지만 인가 조건이라는 것을 감안하면 필수로, 강제로 배워야 할 것이 많다고 생각하지는 않는 것 같다.

커먼즈를 말하기 전에 학교가 정말 공적인 곳인가를 물어야 한다. 그래야 자본으로부터 학교를 지키기 위해 국가 권력에 기대야 한다는 논리를 넘어설 수 있다. 자본이 장악하고 있는 교육이 얼마나 위험한 것인지는 잘 알고 있다. 그러나 국가가 독점하는 교육의 폐해도 그에 못지않다. 전자가 쉽게 드러난다면 후자는 상대적으로 그렇지 않을 뿐이다. 게다가 그럴듯한 명분도 있고. 이 대목을 건너뛰고 진행되는 커먼즈 논의는 또 하나의 수사가 될 가능성이 높다.[22]

새로운 교육 패러다임 : 커먼즈 만들기

학교교육을 커먼즈라는 창을 통해 보려고 한다면, 국내·외의 혁신적인 대안학교들을 깊이 보는 것이 유용할 것 같다. 대안학교마다 자기 색깔을 갖고 있지만, 대개 시장과 국가가 장악하고 있는 근대적 학교교육의 한계를 극복하려는 지향을 갖고 있기 때문이다. 그러나 대안학교 역시 '학교'라는 강한 형식을 갖고 있어 새로운 삶형태로서의 교육을 상상하기에 한계가 있을 수 있다. 여기서는 학교화된 상상력을 풀어내어 '커먼즈'가 교육으로 연결되는 몇 가지 사례를 살펴보자.

[21] 엘리엇 레빈, 서울시대안교육센터 옮김(2004), 《학교를 넘어선 학교》, 민들레, 153쪽.

[22] 이런 맥락에서 마을교육공동체 운동에 대한 반성과 성찰이 필요하다고 생각한다. 마을에 대한 깊은 이해가 전제되지 않고 추진되는 마을교육공동체 운동은 결국 학교가 마을을 이용하는 데서 벗어나기 어렵다. 과도한 수사는 실천을 오도할 가능성이 높다.

도시 텃밭은 어떻게 커먼즈가 되었나

이야기는 이렇게 시작된다. 클리블랜드 깁 스트리트(이주민이 거주하는 빈민가)에 사는 킴이라는 여자아이는 얼굴도 모르는 아버지를 기리기 위해 기일 새벽에 쓰레기로 가득한 공터에 완두콩을 심었다. 베트남에 살았을 때 아빠는 솜씨 좋은 농사꾼이었다는 말을 들은 적이 있다. 아나가 우연히 아시아계 소녀가 수상한 짓을 하는 것을 보게 되었다. 늙고 병들어 창가에 앉아 밖을 내다보는 것이 유일한 낙이다. 이후에도 아이가 공터에 나타나는 것을 본 아나는 마침내 아이가 무슨 짓을 하는지 확인해 보려고 공터로 가서 땅을 파헤쳤다. 자신이 무엇을 했는지 알고 놀란 그녀는 다시 흙을 덮었다. 그녀는 망원경을 구입하고 완두콩을 관찰하기 시작했다. 어느 날 그녀는 완두콩이 시들어 가는 것을 보고 같은 건물에 사는 웬델을 불렀다. 물을 줘야 한다는 부탁에 내키지 않았지만 공터로 간 웬델은 흙을 모아 첫 번째 완두콩 뿌리를 덮어 주고 물을 주었다. 인기척에 돌아보니 한 소녀가 겁에 질려 서 있었고, 그는 급히 자리를 떴다. 나중에 보니 나머지 완두콩 뿌리도 흙으로 덮여 있었다. 갑자기 무언가 생각하던 그는 주변의 쓰레기를 치우고 작은 밭을 만들었다. 기린초를 키우고 싶었던 레오나는 산처럼 쌓인 쓰레기를 치우지 않는 한 더 이상의 텃밭을 만들기는 어렵다는 것을 알고 관료적인 시청 공중위생과를 움직여 쓰레기를 치우게 했다.

이렇게 동네 텃밭이 만들어졌다. 이런저런 계기로 사람들이 텃밭에 모이게 되었고, 각자의 방식대로 텃밭에서 뭔가를 했다. 과테말라에서 존경받는 어른이었지만, 이주 후에는 온종일 집 안에서 이 방 저 방 들어갔다 나왔다 하며 혼잣말을 중얼거리는 게 일이었던 노인이 텃밭을 가꾸면서 '큰어른'의 모습을 되찾았다. 한국에서 이주하여 세탁소를 운영하다가 강도에게 폭행을 당하고 사람 만나기를 꺼려 외출도 하지 못하던 세영은 텃밭에서 다시 사람들과 교제를 나누기 시작했다. 시민운동을 하던 한 노인은 푸에르토리코 출신의 청소년을 고용하여 밭을 가꾸도록 했고, 좋은 일거리를 찾은 그는 텃밭을 열심히 가꾼다. 노인은 텃밭에 물을 공급하기 어려운 문제를 해결하기 위해, '불평만 늘어놓는 어른들이 아니라 아이들에게' 아이디어를 내도록 '아이디어 콘테스트'를 열었다.

드디어 귀가 번쩍 뜨이는 제안이 나왔습니다. (……) 한 흑인 소녀가 텃밭을 둘러싸고 있는 아파트 홈통을 타고 흘러내리는 빗물을 모아 쓰자는 것이었습니다. 모여 있던 우리들은 일제히 아파트 벽면을 쳐다봤습니다. 과연 홈통이 벽면을 따라 각기 세 개 설치되어 있었습니다. 아랫부분만 떼어 내어 물받이와 연결하면 훌륭한 농업용수가 만들어지는 겁니다. (……) 우리들은 물받이 통 살 돈을 얼마씩 추렴했습니다.

다음 날에는 마침 장대비가 왔습니다. (……) 물받이 통에는 빗물이 가득 고여 있었습니다. (……) 누군가 낡은 냄비 세 개를 바가지용으로 가져왔습니다. 그런데 주둥이가 좁은 페트병 같은 데는 덜어 담기가 영 불편했습니다. 나(세영)는 서둘러 가게로 가서 깔때기를 사 들고는 다시 공터로 향했습니다. (……) 그날 내가 산 깔때기로 물을 담는 많은 사람들을 보았습니다. 그 광경을 보고 있자니 나의 마음 깊은 곳에 따뜻하게 스며드는 무엇인가가 있었습니다.[23]

아주 짧은 소설이지만 도시에서 '커먼즈'가 어떻게 만들어지는지 '리얼하게' 보여 준다. 누구도 관리하지 않아 쓰레기장이 되어 버린 공터를 텃밭으로 만들고(공유재), 그 텃밭을 함께 가꾸어 갈 주체가 형성되고(커머너), 텃밭을 잘 관리하는 방법을 찾는다(커머닝). 텃밭은 빈곤층에게는 실질적으로 경제적인 소득(물론 그것만으로 생계를 꾸릴 수는 없다)을 얻는 일터이고, 이웃들과 관계를 맺는 사교의 장이면서, "따뜻하게 스며드는 무엇인가를" 느끼면서 좋은 이웃으로 성장하는 학교다.

**50만원 프로젝트 :
자본으로부터 독립이 가능한가**

전에 한 주간지에 〈'50만원의 행복'을 아시나요〉라는 기사가 실렸다.[24] 서울 망원동에서 '이글루'라는 공간을 만들어 운영하는 청년들의 이야기다. 이들은 학원으로 쓰던 공간을 임대하여 공유하고 있다. 한 사람이 월 25만 원씩을 낸다. 그곳에는 샤워실도 있고, 다락방도 있고, 주방도 있어 숙식도 가능하다. 공간은 사무실이 되기도 하고, 점심에는 식당이 되기도 하고, 저녁에는 강의실이 된다. 누구나 자기 생활비를 벌기 위해 시장에서 장사를 하기도 하고, 인근 대안학교에서 강사로 일을 하기도 하고, 가끔은 관에서 프로젝트를 받아 지역 축제를 하거나 문화 행사를 벌인다. 인문학 강좌 프로그램을 기획하여 진행하기도 한다.

이들은 적절한 협력과 분업으로 공간을 꾸려 가고, 자신의 길을 열어 간다. 요리를 잘하는 사람은 식사를 제공하고, 영어를 잘하는 사람은 영어를 가르친다. 관에서 받은 프로젝트는 공동으로 진행한다. 청소나 공간 관리 같은 공동의 일은 나누어 한다. 공유하는 것이 많으면 지출을 줄일 수 있고, 지출이 줄면 적은 돈으로도 살아갈 수 있다. 지출을 최소화하여 적은 돈으로도 살아갈 수 있는 방법을 찾는다.

이들은 일본의 과학자 후지무라가 창안한 '3만엔 비즈니스'를 실험해 보고 있는 중이다. 3만엔 비즈니스란 '한 달에 이틀 정도 일하고 3만엔을 버는 일'을 말한다. (후지무라는 일본에서 3만엔 비즈니스가 될 만한 일을 찾아보니 50여 개 정도는 있다고 했다.) 하나 가지고 생활하기가 어려우면 두 개 혹은 세 개까지 해도 좋다. 남은 시간에는 자기에게 필요한 자립 활동을 한다. 텃밭도 가꾸고, 필요한 가구도 만들고, 친구들과 힘을 합해 집도 짓는다. 3만엔 비즈니스는 '좋은 일'이고, 그것을 하는 사람들은 '좋은 사람들'이다. 좋은 일을 하는 좋은 사람들끼리 네트워크를 만든다. 그렇게 서로가 서로에게 단골이 된다. 그렇게 자립을 하고 서로 돕고 생활비

[23] 폴 플라이쉬만, 김희정 옮김(2001), 《작은 씨앗을 심는 사람들》, 청어람미디어, 108~110쪽.

[24] 〈'50만원의 행복'을 아시나요〉, 《한겨레21》, 1,027호, 2014년 9월 4일.

를 최소로 하면 적은 돈을 벌어도 충분히 살 수가 있다는 것이다.[25] '자립과 연대'를 통하여 자본으로부터 독립하는 것이 이 프로젝트의 핵심이다. 물론 도시에는 집도 없고, 땅도 없기 때문에 이런 프로젝트 자체가 무모해 보일 수도 있다. 그러나 그런 과정을 통해 자신의 삶이 국가 그리고 자본과 어떻게 관계를 맺고 있는지 알게 된다는 것이다. 그리고 그것들과 관계를 맺는 기술을 익힐 수 있다는 것이다. 그러다 어떤 계기가 마련되면, 예컨대, 기본소득을 받게 된다면 자립을 실현할 수도 있을지 모른다.

'작은 커먼즈들의 집합'으로서의 마을

박원순 서울시장이 '마을 만들기'를 적극 지원하겠다고 하면서 모범적인 사례로 '성미산마을'을 언급한 적이 있다. 그 이후 전국적으로 '마을공동체'에 대한 관심이 높아지면서 성미산마을을 찾는 사람들이 줄을 이었다. (마을에서는 투어 전담팀을 꾸려 운영하고 있다.) 마을을 안내하다 보면 '어디가 성미산마을'이냐고 묻는 사람이 있는데, 전에는 '성미산 주변'이라는 모호한 답을 했다. 그런데 최근 '성미산마을회관'에서 펴낸 자료집에서는 "성미산을 중심으로 연결된 크고 작은 70여 개의 커뮤니티 네트워크"라고 정의하고 있다.[26] 대도시에 농촌 마을과 같은 마을은 존재하지 않는다. '마을'이라는 것을 의식하면서 사는 주민들이 촘촘하게 몰려 사는 어떤 공간이 있을 뿐이다. 그래서 경계를 정하기가 어려웠다. (게다가 꽤 먼 곳에 거주하고 있지만 마을 일을 하는 사람들도 많다.) 그런데 크고 작은 커뮤니티가 많아지면서 '커뮤니티의 집합이 마을'이라는 인식이 생겨난 것이다.

그 커뮤니티들 중에는 법인체도 있고, 공동육아어린이집이나 대안학교 같은 돌봄·교육 기관도 있고, NGO 단체도 있고, 마을 기업도 있고, 동아리 같은 것들도 있다. 이것들은 대부분 마을 사람들의 '필요'에 의해, 마을 사람들이 협력하여 만든 것들이다. 1994년 공동육아어린이집을 시작으로 다양한 커뮤니티가 만들어지고, '성미산 지키기 싸움', '마을 축제' 같은 마을 일을 함께 하면서 성미산마을 사람들은 '목마른 사람이 우물 판다'는 말의 의미를 체득한다.

성미산마을에서 여러 사업을 함께 해 온 무리들은 여럿이 모이면 방법이 생긴다는 사실을 이미 경험을 통해서 알고 있었다. 똑 부러진 해결책을 찾지 못하더라도 지금보다는 나은 대안을 찾을 수 있다는 사실 또한 알고 있었다.[27]

이렇게 만들어진 대부분의 커뮤니티들이 우리가 '커먼즈'라고 하는 것이다. 물론 이렇게 만들어진 '마을'도 커먼즈다. 다시 말하자면, 마을은 그 자체로 커먼즈이면서 작은 커먼즈들의 유기적 결합이다. 마을이 '커뮤니티의 네트워크'라는 정의는 이런 맥락에서 나온 것이다.

작은 커먼즈에서 활동하는 것은 교육적 의미가 대단히 크다. 성미산마을에는 '마을 동아리'가 많이 있다. 성미산오케스트라, 성미산풍물패, 성미

---

[25] [후지무라 야스유끼, 김유익 옮김(2012), 《적게 일하고 더 행복하기》, 북센스] 참고.

[26] 《성미산마을 이야기》, 8쪽.

[27] 박종숙, 〈공동 주거 : 개인의 주택 문제, 공동으로 해결하다〉, 《여/성이론》, 30호, 2014년 여름, 68쪽.

산마을극단 무말랭이, 마을에서 탱고를, 7013B(밴드) 등. 어떤 동아리는 잠깐 활동하고 해산하기 때문에 안내 책자에서 소개하지 않는 것들도 있다. '아빠 페미 모임' 같은 것이 그러하다. 그 동아리에 참여했던 청년의 이야기.

최근 나는 마을에 사는 30~50대 남성들과 함께 '아빠 페미 모임'을 진행했다. 나와 내 친구들이 선생님이 되어서 아빠들에게 페미니즘을 가르친 것이다. 가장 기억에 남는 수업은 청소년 섹슈얼리티에 관한 것이었다. 공교롭게도 수강생들은 모두 딸을 둔 아빠들이었다. 그간 청소년 페미니즘 활동을 하며 간간이 강의를 할 기회가 있긴 했지만 양육자들을 대상으로 한 것은 처음이어서 많이 떨렸다. 나이라는 위계가 예상보다 큰 압박으로 다가온다는 것을 실감했다. 하지만 학생들은 반대 의견이 있어도 나의 강의를 존중해 끝까지 경청했다. 강의가 끝난 후에는 보호주의와 의제강간 연령 문제에 대한 열띤 토론이 이어졌다. 나는 어른 '학생'들이 여성학에 대한 방대한 지식보다 어린 여성이 무언가를 가르치는 모습 자체에서 얻어 간 것들이 많지 않을까 기대하고 있다. 경계를 구분하지 않고 배움을 주고받는 흐름이 마을 사람들 사이에 더 많이 생겨나면 좋겠다. [28]

이와 같은 작은 커먼즈들은 국가와 자본의 밖 혹은 옆에 있는 것이다. 필요에 따라 스스로 만들지만 관의 지원을 받기도 하고, 시장에서 이윤을 얻기도 한다. 그러나 관의 지원이 없다고, 시장에서 이윤을 얻지 못한다고 해서 사라지는 것도 아니다. 나아가 작은 커먼즈들은 서로 연결되어 있어 서로 돕는다.

유아교육의 판을 바꾸다

1994년 공동육아연구회(사단법인 공동육아와공동체교육의 전신)에서 '우리 아이를 우리가 키운다'는 구호를 내세우며, '신촌지역공동육아협동조합 우리어린이집'을 개원했다.[29] 이때를 기점으로 '공동육아운동'이 시작되었다고 한다. 국가의 보육 시설이 없고, 사설 보육 시설의 돌봄의 질이나 운영 방식에 만족하지 못한 부모들이 여기저기서 협동조합을 만들기 시작했다.

공동육아와공동체교육(공공교)은 현장의 설립과 운영을 지원하고, 교사와 부모 교육 연수를 진행하고, 연구 활동과 연대 활동을 한다. 가입을 원하는 현장은 인증 심사를 받아야 한다. 지금은 어린이집뿐만 아니라, '방과후현장'과 '지역아동센터' 등도 회원으로 가입할 수 있다. 2019년 현재 어린이집 81개소, 초등 방과후 20개소, 지역공동체학교 9개소, 초등 대안학교 1개소가 회원이다.[30]

공동육아어린이집은 부모가 출자하는 협동조합 방식으로 설립·운영된다. 시설장과 보육 교사가 정해지면 이들도 조합원이 된다. (이렇게 마을 일자리가 만들어진다.) 조합원 중에 이사를 뽑아 이사회를 구성한다. 운영에 관한 사항은 대개 이사회에서 결정하지만 전체 논의가 필요한 사항이 있을

[28] 유예, 〈나는 마을학교에서 청년이 되었다〉, 《민들레》, 122호, 2019년 2nd, 61쪽.

[29] 우리어린이집은 이후 성미산마을에 자리를 잡았고, 성미산마을 만들기의 기초를 놓았다.

[30] www.gongdong.or.kr

때는 언제든 조합원 총회를 연다. 교사회는 교육과정 운영에 대한 권한을 갖는다. 교사들의 근무 조건은 교사와 부모가 동수로 참여하는 '노동조건개선위원회'에서 결정한다. 물론 모든 결정은 민주적인 의사소통 과정을 거친다는 것을 전제로 하고, 표결이 아니라 합의로 결정한다. 부모들은 일정 시간 이상 보조 교사 역할, 일명 '아마 활동'을 한다. 아마 활동에는 당연히 아빠도 참여해야 한다. 그것으로 여성들에게 넘겨진 육아의 부담이 다 해소되었다고 할 수는 없겠지만 상당한 정도 해소되었다고 볼 수 있을 것이다. 교사들의 부담을 줄이기 위한 것이지만 그보다 더 중요하게는 돌봄·교육 능력을 향상시키고, 아이들의 어린이집 생활을 파악하고, 교사 및 다른 부모들과의 소통을 위한 것이다.

현재 아이들의 '사회적 돌봄'에 대해서는 주로 세 가지 문제가 제기되고 있다고 한다. 첫째는 국공립 시설의 부족으로 인해 시장 의존성이 크고 그로 인해 서비스 공급 주체의 공공성이 확보되지 않는다는 것, 둘째는 (주로) 돌봄 여성 노동자들의 노동권이 보장되지 못하고 그 부수 효과로 돌봄의 질이 떨어진다는 것, 셋째는 국가의 재정 지원 방식이 가족 내 여성 중심 돌봄 경향을 완화시키지 못하고 있다는 것이다. 이에 더하여 돌봄 담당자들 간의 관계 특히 보육 교사와 부모들 사이의 관계 문제를 제기한다.[31]

어린이집에 처음 등원하는 아이들은 대개 만 2~3세인데, 이들은 '부모 세계'와 '교사 세계'의 차이에 민감하게 반응하여 그 차이가 클 경우 큰 문제가 생기기도 한다. 비교적 잘 적응을 한 것처럼 보이는 아이들도 어린이집에서는 순종적인 태도를 보이다가 집에서는 공격적으로 돌변하는 경우가 있다고 한다. 이런 문제를 어떻게 해결할 것인가?

돌봄은 그 성격 자체가 개인이 처한 상황이나 시공간에 대한 관심과 떼어서 생각하기 어려운 것으로서, 표준화된 국가 시스템이나 시장 기제에 맡겨 생산하고 분배하면 되는 물건이 아니다. 돌봄이란 본질적으로 다른 사람의 필요를 감지하고 그에 반응할 수 있는 능력에 기초한 것이며, 그렇기 때문에 개인과 개인, 개인과 공동체, 혹은 개인과 자연을 포함한 주변 환경 사이의 관계를 포함하는 여러 관계성을 떼어 놓고는 상상하기 어렵다.[32]

결국 공동체 안에서 소통과 협력을 통해 집단적으로 해결할 수밖에 없다. 부모와 교사, 부모와 부모, 교사와 교사들이 '우리 아이는 우리가 키운다'는 철학에 따라 집단적 지혜를 이끌어 내야 한다. 공동체에서는 이것이 가능하다.

"애들아, 뭐 하니? 거기 넘어가면 안 돼, 알지?"
"여기서 담 넘으며 노는 게 재밌는데."
"그래도 넘어가면 찻길이잖아. 너희들도 위험하지만 동생들이 보고 배울지도 몰라."
"오름, 그럼 뒤에 가서 놀게."

[31] 정성훈, 〈공동육아협동조합과 사회적 돌봄〉,《위기의 사회, 공동체와 성장 - 공동육아협동조합 설립 20주년 기념 학술대회 자료집》, 21쪽. 이하 공공교의 활동에 대한 평가는 이 글을 근거로 함.

[32] 백영경, 〈복지와 커먼즈〉,《창작과 비평》, 177호, 2017년 가을, 36쪽.

친구 부부와 이야기를 나누던 중 작은나무 뒤편 찻길 옆 낮은 담장에서 노는 아이들에게 오름이 주의를 줬다. 한창 즐겁게 놀던 아이들이 오름의 지적을 받아들이는 모습에 친구 부부는 놀라워했다.

"다른 집 애들을 야단쳐도 돼요?"

"그럼요."

"다른 데서는 부모들끼리 싸움 날 일이잖아요. '당신이 뭔데 우리 애들 야단치느냐'며. 아까 식당에서 애들이 돌아다니고 소리 질러도 말하는 사람이 없기에 여기는 아이들에게 뭐라고 그러면 큰일 나는 곳인 줄 알았죠."

"설마. 물론 공동육아어린이집을 시작한 사람들이 일군 마을이라 아이들이 가장 중요하긴 해. 마을 식당이나 작은나무에서 아이들에게 뭐라고 하지 않는 건 가급적 다른 사람들 눈치 보지 않고 뛰어놀았으면 하기 때문이야. 아이들이 너무 심하지만 않으면."

초록비의 말에 오름이 조금 거든다.

"맞아요. 아이들이 떠들고 여기저기 돌아다니는 건 당연한 거잖아요. 하지만 다른 곳에서는 그렇게 할 수 없으니 마을에서라도 편하게 두자는 거예요. 하지만 아이들이 위험하게 놀거나 야단쳐야 할 때 무시해서는 안 되죠. 그건 아이들을 위하는 게 아니니까요."❸❸

공공교 어린이집은 아이들의 '사회적 돌봄'에 제기된 네 가지 문제를 비교적 잘 풀어 낸 사례로 알려져 있다. 그것은 국가와 시장을 완전히 배제하지 않으면서 그 사이에 구축한 커먼즈다. 한편으로는 국가나 지방 정부의 지원을 받고, 그에 따르는 약간의 의무, 예컨대, 시설 기준 준수, 급식 상황 점검 등을 이행한다. 한편 출자금이나 조합비를 정할 때나, 시설 개선과 교육의 질을 높이기 위한 투자와 임금 산정 등에는 수익자 부담의 원칙이 적용될 때가 있고, 다른 어린이집과의 균형을 맞춰야 하는 등 시장의 논리가 개입하기도 한다. 현실적으로 국가와 자본 너머의 커먼즈는 존재하기 어렵다. 특히 사회적 인정을 포기하지 않으려면. 국가와의 관계, 시장과의 관계를 잘 맺는 것, 적절한 거리를 유지하는 것이 중요하다.

마을 – 학교의 새로운 거처

학교가 커먼즈가 되려면 우선 자본과 국가로부터 독립해야 한다. 물론 지금 당장 자본과 국가로부터 완전하게 독립하는 것은 가능하지 않겠지만, 지속적으로 자본과 국가의 밖을 상상하고, 자본과 국가의 밖에 혹은 옆에 작은 커먼즈를 만드는 실험을 해야 한다. 앞에서 검토한 사례들과 같은 것을 지속적으로 만들어 내야 한다. 그 과정을 거쳐 커머닝 능력을 익힌 커머너들이 성장할 것이고, 이런 맥락에서 그것 자체가 좋은 교육이다. 이것은 학교가 마을을 만들어야 하며, 마을은 학교를 자본과 국가로부터 보호해야 한다는 뜻이다. 이때의 마을은 '간디의 마을'이다. 김종철은 간디가 식민지 지배를 받았던 국가 지도자 중에서 독립된 국가를 '근대적인 국가'로 만들 구상을 하지 않았던 유일한 지도자라고 한다. 말하자면 간디는 국가와 자본이 만들어 갈

❸❸ 윤태근(2011), 《성미산마을 사람들》, 북노마드, 108쪽.

'근대'가 어떤 것이라는 것을 간파하는 혜안을 갖고 있었던 것이다.

정치적 독립을 쟁취한 이후에 인도가 또 하나의 새로운 근대 산업 국가가 된다면 인도의 민초들에게는 지배자의 피부 빛깔만 바뀐 상황이 될 뿐이라고 말하고, 진정한 인도의 독립을 위해서는 산업 국가 영국을 모델로 삼는 일을 그만두고, 인도의 70만 개의 마을들이 각기 자치공화국이 되어 인도 국가는 '마을공화국들의 연합체'로 성립되어야 한다고 주장했습니다. 그리고 그러한 마을공화국의 경제는 기본적으로 농사와 수공업에 기반을 두어야 한다고 역설했습니다.[34]

인용문에 드러난 것과 같이 간디가 생각하는 마을은 경제적 자립과 정치적 자치 그리고 다른 마을과 연대하는 장소다. 자본과 국가를 넘어서기 위해서는 다시 마을을 만들어야 한다. 물론 우리는 간디와는 달리 근대를 통과하면서 긍정적인 것이든 부정적인 것이든 유산을 물려받았다. 그래서 우리가 만드는 마을에는 물레 대신에 컴퓨터와 인터넷이 있을 수도 있다. 커먼즈는 가장 오래된 것이면서 가장 새로운 것이다.

'전환 마을' 토트네스는 과거로 돌아가지 않아도 '오래된 삶의 양식'을 되살리는 것이 가능하다는 것을 보여준다.[35] 토트네스의 실험은 기후 변화, 피크 오일, 경제 위기로부터 살아남기 위해서는 마을의 회복력을 길러야 하고, 마을이 회복력을 기르기 위해서는 '에너지 자립'을 중심으로 삶의 양식을 바꿔야 한다는 발상에서 시작되었다. 결국 마을 만들기의 주체들이 나오고 그들이 크고 작은 모임을 만들면서 새로운 삶형태를 누리는 공간이 창출되었다. 커먼즈가 만들어진 것이다.

학교라는 작은 커먼즈는 마을이라는 더 큰 커먼즈에 속해야 한다. 마을이 자본과 국가로부터 학교의 공공성을 지킬 것이다. 역으로 학교라는 작은 커먼즈는 마을이라는 큰 커먼즈를 만드는 기지가 되어야 한다. 학교와 마을이 이런 선순환을 이룰 때 학교는 시대적 비전과 연결될 것이다.[36] 🔳

[34] 김종철, 〈근대문명에서 생태문명으로〉, 《녹색평론》, 168호, 2019년 9~10월, 14쪽.

[35] 토트네스(Totnes) 사례에 대해서는 [이유진(2013), 《전환도시》, 한울]을 참고.

[36] 학교와 마을의 선순환에 대해서는 다음 책을 참고할 것. [홍순명(2006), 《홍순명 선생님이 들려주는 풀무학교 이야기》, 부키], [성미산학교(2016), 《마을 학교》, 교육공동체벗].

※이 책의 본문은 재생 용지를 사용해서 만들었습니다.
※생태 보존과 자원 재활용을 위해 표지 코팅을 하지 않았습니다.

만드는 사람들

ⓒ 크리킨디센터 전환교육연구소, 2019

2019년 12월 23일 처음 펴냄

기획·편집	크리킨디센터 전환교육연구소
기획위원	최원형, 안병일, 박지은, 박복선, 김희옥, 김현우, 김성원, 고금숙, 강신호
디자인	더디앤씨 www.thednc.co.kr
표지 사진	최승훈 * 장소 : 릴리쿰(서울 마포구 연남동)
종이	화인페이퍼
제작	세종 PNP

펴낸이	김기언
펴낸곳	교육공동체 벗
이사장	심수환
사무국	최승훈, 이진주, 이경은, 설원민, 김기언, 공현
출판등록	제2011-000022호(2011년 1월 14일)
주소	(03971) 서울시 마포구 성미산로1길 30 2층
전화	02-332-0712
전송	0505-115-0712
홈페이지	commune but.com
카페	cafe.daum.net/communebut

※ ISBN 978-89-6880-126-6 03500

※ 이 도서의 국립중앙도서관 출판예정도서목록(CIP)은 서지정보유통지원시스템 홈페이지(seoji.nl.go.kr)와
국가자료공동목록시스템(www.nl.go.kr/kolisnet)에서 이용하실 수 있습니다. (CIP제어번호 : CIP2019051514)